所谓绝境，
不过是
逼你走正确的路

麦子 ——— 著

天津出版传媒集团

天津人民出版社

图书在版编目（CIP）数据

所谓绝境，不过是逼你走正确的路／麦子著.--天
津：天津人民出版社，2018.10
ISBN 978-7-201-13961-6

Ⅰ.①所… Ⅱ.①麦… Ⅲ.①成功心理 – 青年读物
Ⅳ.①B848.4-49

中国版本图书馆CIP数据核字（2018）第184221号

所谓绝境，不过是逼你走正确的路
SUOWEI JUEJING, BUGUOSHI BINI ZOU ZHENGQUE DE LU

出　　版　天津人民出版社
出 版 人　黄　沛
地　　址　天津市和平区西康路35号康岳大厦
邮政编码　300051
邮购电话　（022）23332469
网　　址　http://www.tjrmcbs.com
电子邮箱　tjrmcbs@126.com

责任编辑　陈　烨
策划编辑　陈文文
装帧设计　阿　鬼

制版印刷　天津翔远印刷有限公司
经　　销　新华书店
开　　本　880×1230毫米　1／32
印　　张　7.5
字　　数　130千字
版次印次　2018年10月第1版　2018年10月第1次印刷
定　　价　39.80元

目 录
Contents

第二章
世界上没有绝望的处境，只有对处境绝望的人

第三章
所谓绝境，不过是逼你走正确的路

第四章
努力可以改变当下，格局才能决定未来

第五章
在你自己的时区，一切都很准时

第六章
扼住命运的咽喉，演奏出自己命运的绝响

第一章

余生很长，
何必慌张

1. 赶走心里那只叫"成功焦虑"的小怪兽

（1）

芊芊家里是做小生意的。

她考上大学之后，父母觉得脸上有光，嘱咐她一定要干一番大事业，让过去那些看不起他们家的人好好看看。

芊芊当然知道，父母所谓的干一番大事业，指的是物质成就。

她从小耳濡目染，自然精明能干。从大一开始，她就没闲着，一直在想方设法赚钱。

大学四年里，她做过家教，卖过化妆品，当过服务员，推销过各种酒。凡是能挣钱的招数，她都试过，但都坚持不了多久。最后，不但钱没赚多少，还积压了不少化妆品和酒。

毕业后，她留在了大城市，结果又被她的房东忽悠，一头扎进了房地产行业，做起了售楼小姐。

在房地产行业最火热的那几年，她凭借灵光的头脑和三寸不烂之舌确实赚了不少钱，然后租了一个小门面，开了一家房地产中介公司。虽然只有两个人，但看着名片上那个"总经理"的头衔，她感到心满意足。

春节回家时，她还特意带着名片，在老家发了不少。听到亲朋好友的一片赞扬声，她父母乐开了花，嘱咐她只许成功，不许失败。她也踌躇满志，点头答应。

没想到，去年房地产行业遇冷后，她的生意一落千丈，开始入不敷出。她十分焦虑，开始跟各种行业的人打交道，到处询问房地产行业还能不能继续做下去。

为了缓解焦虑，她跟朋友一起外出旅行。但刚到目的地，她又开始焦虑起来，念叨起家里的事儿，弄得同伴意兴阑珊，两人不欢而散，本来十天的旅程提前七天就返程了。

在参加同学聚会时，她看到同学们个个意气风发，更加坐不住了，觉得自己离成功太远了。

后来，她又买卖股票，倒腾黄金，进军二手车市场，每个行业都浅尝辄止。我问她何不扎根于一个行业，她笑说："那怎么行啊？不能把鸡蛋都放在同一个篮子里。我横跨这么多行业，总有一行会成功的吧，不至于全部都失败吧。"

就是因为她一心想着"成功"二字，所以经常彻夜难眠，必须服用抗焦虑的药物才能入睡。

不知道一心盼着女儿能光耀门楣的父母，知道了女儿的这种状况，会做何感想？

（2）

小罗是我在南方认识的朋友。

他祖籍广东，家乡人不谈政治，只谈生意，大家都以能赚钱为荣。

小罗大学毕业后，先是在政府部门上班，后来看到升职要靠资历，而且到手的工资也不多，于是果断辞职，转行到了企业。

他的名言是，如果没有权，有很多钱也是很好的。

辞职后他才发现，企业虽然工资高，但更辛苦。他没日没夜地加班，做各种方案，见各种客户，赔各种笑脸。在企业待了一年后，他觉得离自己的目标还是太远了，于是开始琢磨新的出路。

这时候，他看到高中同学干微商赚了不少钱，整天在微信上发截图炫耀进账，展示豪车和别墅，他又按捺不住了。要知道，那个同学当年是个差生，如今怎么能比自己厉害呢？

于是，原本心高气傲的他主动邀请同学吃饭，积极向同学靠拢，想要获得赚钱的秘诀。不是有句话这样说嘛："要想成功，必须多跟成功的人接近，学习人家的思路和模式。"

　　酒过三巡，同学夸张地告诉他，只要加入微商团队，第一年就能年入百万。看到他将信将疑，同学有些生气："你看看我，我不就是一个现成的励志偶像吗？"

　　不过一顿饭的工夫，他就被成功洗脑，掏出了数万元，加入了微商会员。

　　但不久后，他的同学说了实话，说那些进账截图都是用软件制作的，豪车别墅也不是自己的，这些只是一种宣传手段，并且也让他以这种方法去拉会员。

　　小罗义愤填膺，想要报警，但是同学却翻脸了："你有什么证据证明我骗了你？我的产品是真的，一切都是你心甘情愿的。"

　　想想也是，自己好歹是大学毕业，这种事说出去太丢人了。小罗只好认栽，抱着一堆没用的产品回家了。

　　自此以后，他变得更加焦虑，见到稍微有点钱的亲戚朋友就凑上前去，向人家咨询发财的秘诀。一些好朋友告诫他，还是脚踏实地为好，不要为了暴富再被人骗。他却认为别人是不想泄露秘诀，不肯说实话。到了后来，亲朋好友都对他敬而远之。

　　某天晚上，他碰巧遇到一个老同学，老同学非要让他尝尝自己新买的酒。两人推杯换盏之后，老同学告诉他，自己现在在做酒水生意，而且还说，只要加入会员，他就能以一折的优惠买到那些酒。

小罗头脑一热，又加入了会员。

第二天酒醒后，望着同学送来的一屋子酒，他欲哭无泪。

再后来，他乖乖回到了企业上班，但是却就此消沉了下去，变得更加孤僻，每天下班后就在家钻研如何成功。

（3）

"成功焦虑"是一种病，得治。

芊芊和小罗之所以陷入焦虑，都是因为太渴望成功，而且他们眼中的成功，只是获取尽可能多的物质财富。在这个急功近利的时代，绝大多数人都渴望名利双收，但最后成功的却寥寥无几。

比尔·盖茨聪明绝世，但世界上只有一个比尔·盖茨，马云头脑灵活，中国也不过只有一个马云，乔丹是"篮球之神"，但篮球历史上也只有一个乔丹，李娜是"中国网球传奇人物"，但亚洲网球界也只有一个李娜……每个成功者都有一套不可复制的成功经验，不是靠简单模仿就能学到的。

更何况，成功又岂是用"名利"两个字就能轻易衡量的。莫言获得诺贝尔文学奖是成功，赵本山把"本山传媒"做成了品牌也是成功，做老师的桃李满天下是成功，当医生的救死扶伤也是成功，即便是个泥瓦匠，只要能盖出漂亮的房子，也是一种成功。

　　没有谁能随随便便成功。各行各业的成功经验有很多，但更多的却是失败的教训。成功不仅需要刻苦努力，需要方向明确、方法得当，需要人脉和经验，还需要运气和机遇。

　　渴望成功本没有错，但是必须要找到适合自己的路。

　　你了解哪个行业，懂得哪个行业，喜欢哪个行业，就在哪个行业停留下来，踏踏实实，一步一个脚印地往前走，这才有可能获得你想要的成功。

　　有一天，当你乐于享受工作，当你不再期待成功，彻底摆脱"成功焦虑"的困扰，或许，成功就会悄然来临。

2. 做个不着急的聪明人

我的好朋友阿涛凭着名牌大学的学历和不凡的谈吐，在人才招聘会上成功挤掉了数万竞争者，进入了某世界五百强企业。

他在微信朋友圈抒发自己的凌云壮志，说："计划用一年时间进入公司中层，再用两年的时间晋升高层。"大家纷纷在这条状态下点赞，称赞他有志气、有魄力。

阿涛在大学期间就表现出色，不仅成绩优异，而且社会活动能力极强，身后有一大批追随者，大家都认为他一定会成就一番事业。

阿涛唯一的不足就是性子太急，太急功近利，总想"一口吃个大胖子"。

进入公司后，他被留在了人事部，部门经理让主管红姐带他。但跟了红姐几天后，踌躇满志的他就开始质疑红姐的能力，觉得她优柔寡断，做事拖泥带水，效率太低。加上红姐根本不让他接触核心业务，反而常常叫他做一些跑腿的工作：发快递，送标书，做会议记录，每天还有看不完的基础资料……

红姐看出了他的不满，但没有点破，也从不解释。阿涛觉得自己被埋没了，急切地想要一个能展示自己能力的机会。

终于，他如愿等来了一月一次的总经理会议。在给总经理倒水的间隙，激动的他忍不住毛遂自荐，递上了自己精心准备的简历，希望公司对自己委以重任，并抱怨说自己在科室不被重视，常常被派去打杂，这实在是浪费人才。

这时候，推门进来的红姐恰巧看到了这一幕，不由得脸色大变。阿涛却暗自得意，以为总经理会大发雷霆，大骂红姐不会用人。

不料总经理却和颜悦色、轻声慢语地问了他一些关于基础资料的问题。他一心只想着干大事儿，哪里记得住那些小数据，于是支支吾吾，脸憋得通红，一句也答不上来。最后，还是红姐岔开话题，帮他解了围，让他赶紧去客户那里拿趟资料。他如获大赦，灰溜溜地走了。

该下班了，内心崩溃的阿涛忐忑地等待红姐宣布自己的死期，盘算着如何能体面地走人。这时，红姐从办公室出来，拿出了一摞资料，摊在了他的桌子上，并示意他打开。

他打开那个文件，看到了里面密密麻麻的员工名单。这时候，他才知道，身边那些看起来普通寻常的同事，竟然几乎都是名牌大学毕业的，其中还不乏留学归来的高才生。

原来，红姐的主要任务是为各部门选派合适的员工。每个员工到红姐手下之后，都要经过半年的考察期，红姐会根据他们的性格、特长等，把他们分配到不同的岗位上去。

红姐说："公司从来不会浪费人才。名牌大学毕业证只是你进入大企业的门票，只能代表过去。进来之后，你得学会忘记过去。你很聪明，但是要慢慢来，不要着急。我看到过太多的年轻人，虽然很聪明，但最终都毁在了'太着急'三个字上。"

阿涛听完后，为自己的浮躁深感羞愧，同时也为自己的不懂事向红姐郑重道歉。从那以后，阿涛成了红姐手下最得力的干将，心踏实下来了，工作也慢慢捋顺了。

半年后，他果真凭借出色的表现进入了销售部门。至于被领导另眼相看，加薪升职，且赢得了一片好名声，就都是后话了。

如今的他早已经不再是过去那个愣头青了。现在的他成熟沉稳，凡事分得清轻重缓急。他说他要感谢红姐及时挽救了自己，使自己没有毁在"太着急"上。

（2）

我大学刚毕业时，曾在一家广告公司工作。

当时的设计部同时招来了两位设计师：一位叫刘欣，学的是美术设计专业，设计软件用得非常熟练，但以前从事的不是广告行业，算是半路出家；一位叫小东，美术专业科班出身，从小就开始学画画，美术功底很好，他面试时的手绘作品让我们赞叹不已，但缺点是不太会使用绘图软件。

公司空出来的岗位只有一个，也就是说，三个月的试用期结束后，两个人只能留下一个。

上班第一天，设计部主管就告诉他们：在广告公司，效率就是金钱，希望两个人好好表现，争取能成为留下来的那个。

两个人都干劲十足。

为了考察两个人，也为了给他们公平竞争的机会。三个月内，公司几乎所有的项目都会让两个人一起参与，看他们是否能有什么闪光点。其他资深同事出方案的同时，也会让两个人都试试手，给出自己的方案。

刘欣很聪明，做事也快，她总是能第一个交上自己的方案。效率之高，让设计部的其他同事都望尘莫及，主管也非常欣赏她的电脑技术。小东则每次都远远地落在后面，他需要经常熬夜加班，才能在限定时间内交出作品。

不仅刘欣对自己充满信心，我们一帮老员工也都认为她肯定能留下来。而小东则一心扑在自己的作品上，好像对结果并不在意。

为了不影响两个人的工作状态，每一轮作品的评比结果都只有副总一个人知道。

三个月很快过去了，当设计部主管宣布最后留下来的是小东时，大家都傻眼了。设计部主管遗憾地告诉刘欣："抱歉，用人权在副总手里，这是他决定的。"

争强好胜的刘欣不服气，就哭着去找副总："对公司来说，效率就是金钱，明明每次做得又快又好的是我，为什么留下的却是他？这不公平！"

副总并没有说话，而是将三个月以来两个人的所有作品都摆在她面前。

看着刘欣的眼神逐渐黯淡下来，副总才慢悠悠地说："虽然公司追求的是效率，但是如果质量不过关，只是一味求快，等于没有效率。只有不急不躁，才能磨出好作品。你只是追求速度，而小东是追求完美。每个项目他都会认真思考，他的每个方案都富有生命力，不单单是一幅幅冷冰冰的电脑绘图。所以，他所有的方案几乎都会被采纳，而你的只有一个被采纳了。技术不过硬可以慢慢学，但是设计理念却很难在短时间内学会。"

跟小东慢慢熟络之后，我曾问过他："当时看到刘欣做事那么快，你为什么不着急？"小东笑笑说："着什么急？我是真心想干广告设计这一行的，如果我用心设计出的作品，客户都不满意、不认同，那我留下也毫无意义。所以，不用着急。"

后来，小东用出色的设计能力验证了副总的判断，他真的是个"不着急的聪明人"。

（3）

有些人往往自视过高，总想着尽早获得成功，尽快达到事业的巅峰。于是，他们总是看不惯那些他们眼中的笨蛋，总觉得别人不懂得欣赏自己的才华，一会儿嫌弃甲的速度太慢，一会儿嫌弃乙的方法太傻。

殊不知，越是着急，就越是容易乱了心神，潦草敷衍，让人觉得不靠谱。

不着急，才能按部就班；不着急，才能心态平和；不着急，才能一步一个脚印，安全抵达你想去的彼岸。

慢下来不一定会赢，但是慢下来会让人头脑冷静，会让胜算翻倍。

被称为"艺术天才""黎巴嫩文坛骄子"的纪伯伦曾说过："如果有一天，你不再寻找爱情，只是去爱；你不再渴望成功，只是去做；你不再追求成长，只是去修行。那么，一切才刚刚开始……"这段话可以作为年轻人的座右铭。

聪明人都不着急，因为他们自有一套处世法则。他们深知，让自己慢下来，才能看清方向。尤其是刚到一个新单位，刚接触一个新行业时，一定要冷静思考，才能找准方向。在你羽翼未丰之前，最好还是沉住气，做一个埋头苦干但心有丘壑的人。

慢慢来，一切都来得及，真正的聪明人从来都不急。

3. 你想要的，岁月都会给你

（1）

去一个久未造访的饭店吃饭，却没有看到我最熟悉的欧阳店长。向服务员问起她的近况，才知道她被调到总部去了。

一起吃饭的好友感慨不已："早看出来她与旁人不同，调走是迟早的事儿。"

多年前，我到那个饭店吃饭，第一次见到了她。

彼时，她还只是店里的一个服务员，身形瘦小，长相一般，普通话也说不好，带有浓重的湖南口音。在一众长相靓丽的服务员中间，她一点也不起眼。所以，她不能负责包间，只能在大厅做服务员。

但她从不懈怠，脸上永远挂着灿烂的笑容。她服务周到，时刻留意着客人的需求，让人宾至如归。遇到客人刁难、指责时，她也从不推诿，每次都能圆满解决。

等到我们第二次去那里吃饭的时候，发现欧阳已经开始负责包间了，而且是能容纳三十人的大包间。凡有客人来用餐，她都会露出灿烂的笑容，热情地接待大家。她的普通话虽然仍不标准，但这句及时的开场白总让人觉得非常温暖："今天很荣幸为大家提供服务，用餐过程中有任何问题都可以找我解决。"

我们夸赞饭店的服务很到位，也一直以为那些礼貌用语是经过饭店统一培训的。后来才知道，那是她独创的服务内容。

有一段时间，我们常去那里吃饭，便跟她熟识起来，知道她高中辍学之后就出来打工养家，还要供两个弟弟上学。

每次吃完饭，饭店方面都会请顾客写点意见或建议，我们每次都会为欧阳写下一大段赞美的话。

后来，我们每次再去，欧阳都有不一样的身份，从包间服务员，到几个包间的管事，到领班，到店长，再后来，就很少见到她了。据说她已经转到后台，负责服务员的培训。直到这次，她被直接调到总部。

只凭借自己的学历、长相和身高，欧阳是绝对不可能提升那么快的，但是她却成功地实现了"逆袭"。

记得有一次，我的一个朋友问她："你难道要做一辈子服务员？"她报以真诚的一笑："只要你肯努力，老天爷就会把你想要的给你——我妈说的。"

当时，我们还觉得她略显天真，现在看来，上天真的不会辜负任何一个努力的人。

（2）

学妹小薇曾经给我讲过她的故事。

小薇很漂亮，也很有野心，她信奉张爱玲的那句话："出名要趁早。"

所以，她从小就做起了"出名要趁早"的美梦。上学期间，除了功课样样优秀，她还学跳舞，学唱歌，尽显文艺才华。果然，大学毕业后，她在招聘会上，很受用工单位的欢迎。在几家公司之间，她选择了一家薪水最高的小型外贸公司。

初出茅庐的小薇很卖力气，做事风风火火，每天最早一个到公司，最晚一个离开公司，一心想通过自己的努力获得更高的职位和更多的薪水。

但老总却心怀鬼胎，一直垂涎小薇的美貌，先是给小薇各种表现的机会，让她觉得很受重用，接着用各种理由让小薇加班，说些暧昧的话，想趁机占便宜。

小薇刚开始不明就里，奇怪身边的同事为何总是阴阳怪气。后来，她终于识破了老总的用心，但为了升职、加薪却敢怒不敢言。虽然每次都能巧妙地避开老总的"咸猪手"，但她依然为此苦恼不已。

一次，老总说要带她去陪客户吃饭，她不好意思拒绝，只得硬着头皮前往。到了饭店她才发现，根本没有什么客人，只有自己和老总两个人。老总讪笑着解释说客人临时取消了约会，然后递给她两把钥匙，一把是车钥匙，一把是别墅的钥匙。老总跟她摊牌，说只要跟了他，以后不但不用上班，每个月还有两万块的生活费，每年年底另有大红包。

感觉受到羞辱的小薇忍无可忍，一把端起桌子上的茶杯，把茶水泼到了老总脸上，然后愤怒地扭头离开。

虽然很向往老总允诺给她的物质条件，但是要强的小薇知道，一定要用自己的努力去获得这些东西，而不是用自己的青春和肉体去交换。

第二天，小薇到公司办理了离职手续，随后又凭借自身的优势在一家大公司找到了工作。

五年之后，小薇已经荣升大公司的部门主管，薪水是之前的两倍。虽然还在为自己的理想打拼，但她花钱已不用再缩手缩脚，且对未来充满希望，更重要的是，没有人恶意骚扰她了。

小薇说，感谢过去的自己没有被物质条件所迷惑。

你想要的，岁月都会给你，只要你肯努力。

（3）

去年，大学刚毕业的雨珊失恋了。她整日以泪洗面，痛不欲生，甚至开始暴饮暴食，使得本来就臃肿的身材更是严重走形。工作找好了，她也懒得去，每天把自己关在房间里，除了出来拿一下外卖，几乎不出房门。

室友无奈，就偷偷告诉了她的母亲。她母亲听完后，火急火燎地从老家赶到了北京。

母亲一进屋便看到了如行尸走肉一般的女儿，顿时心疼不已。她把雨珊硬拽到镜子前，让她好好看看自己，并问她："如果你是你的前男友，你会爱上镜子里的这个女孩吗？只要自己变好了，什么样的好男孩遇不到啊？"

雨珊诧异母亲的到来，漫不经心地抬起头，猛然看到了镜子中的自己：体态臃肿如中年妇女，眼神涣散。她大为震惊，扑进母亲的怀里失声痛哭。

她的母亲是一名老师，举了很多名人的例子来激励她，给她做心理疏导，并告诉她，走出失恋的最好方法就是让自己变美变强，让他高攀不起。

母亲的一番话激发了她的斗志。在母亲的帮助和照顾下，雨珊像变了个人一样，开始拼命地健身减肥，努力工作，业余时间读书、看电影，跟朋友聚会，生活慢慢变得丰富多彩起来。

不到半年时间，雨珊就脱胎换骨了，身材变得很苗条，人也自信开朗多了，追她的人在身后都排成了长队。不过，她从来不为所动。

由于工作出色，她被派到上海总部去学习。在上海总部，她邂逅了自己的真爱，一个来中国工作的美国男生。

之后的故事当然如我们所料，那个美国男生对她展开热烈追求，并为了她来到北京发展，两个人也迅速进入热恋状态。

甜蜜的雨珊觉得母亲说得很对：你想要的，只要你肯努力，岁月都会给你。

（4）

越是年轻，越是脆弱，越容易被外界所干扰。

读书时，我们总担心考不了好的分数，考不上好的大学；毕业后，又担心找不到合适的工作，拿不到理想的薪水；失恋后，又觉得错过了世界上对自己最好的那个人，以后再也遇不到真爱了。

人的一生，难免会遇到很多挫折，只要扛过去了，你就能浴火重生。每经历一次挫折，你都能学到很多经验，这些经验会为你的成功增加足够的筹码。

在这个过程中，我们要做好自己的心理疏导工作，时常激励自己，对自己说："你想要的，岁月都会给你，关键看你是否真的全力以赴。"

如果你只是躲在父母的臂弯里，不肯走出来闯荡，如果你只是躺在黑暗的角落里，不肯走出阴影，如果你只是沉迷在游戏的世界里，不肯面对现实，如果你只是整天发牢骚，而不肯埋头去做眼前的事，那么，对不起，你蹉跎了岁月。

当你认清自己的方向，不再辜负时光，一直朝着目标而努力时，那么恭喜你，你想要的，岁月都会给你。

4. 愿你熬过深夜痛哭，天亮依然铿锵如故

（1）

前几天，思思的新公司连续接了好几个大单，生意算是步入了正轨。当她喜不自胜地在微信朋友圈报喜时，我忍不住留言："你是仙女下凡，来人间必定要多经劫难，才能修成正果，重回仙籍。"

思思是我多年的好友，漂亮能干，本来是公司白领，可谓顺风顺水，但在过去的两年里可谓倒霉透顶。

前年，先是她母亲突然中风，幸好送医及时，才未造成更严重的后果，但仍然需要经常去医院做康复治疗。父亲年纪大了，本身行动不便，更无法照顾母亲。远在外地的她分身乏术，只好高薪雇了保姆。没想到，保姆见家里只有两个老人，便趁火打劫，不仅天天在微信上诉苦，要求涨工资，还把家里值钱的东西都偷偷转移走了。思思春节回家探亲时发现了端

倪，一怒之下报了警。后来，她找了一个远方亲戚来帮忙，家里这才消停下来。

等她处理完老家的事情回来，又发现老公出轨了，第三者竟然是老公公司的年轻出纳。那个小姑娘心眼儿特别多，四处打听她的情况，以了解她的脾气秉性。一天，那个小姑娘突然主动打电话给她，大打苦情牌，一口一个姐叫着，说跟她老公是真爱，求她看在自己怀孕的分上成全他们两个人。尽管她老公事后极力想挽回，甚至跪在地上痛哭流涕，发誓永不再犯，但向来行事决绝的思思没哭也没闹，毅然提出离婚。

离婚后，她一心扑到了工作上。当她抽身去处理家事的时候，却发现与自己一向要好的同事剽窃了自己的创意，并私下撬走了自己的客户。本来马上要升职的她，被上司骂得狗血淋头。她心灰意冷，但苦于没有任何证据证明那个创意是自己的，而自己也不想跟人撕破脸皮当面对质，便索性主动辞职。

三重打击之下，思思陷入了从未有过的困境。

我曾担心她走不出来，常常在微信里留言开导她，但都如石沉大海，不见回复。这样过了两年有余。当她重新在微信里说"嗨，我回来了"时，我觉得她肯定是涅槃重生了，真心替她高兴。

她说她曾连续数月失眠，情绪焦虑，最后患上了抑郁症。后来，经过半年的治疗，才慢慢好转。在意志最消沉的时候，她曾万念俱灰，试图自杀，是邻居无意间发现后，打120把她送到医院才抢救回来的。

在医院接受抢救时，她好像是灵魂出窍，看到了年迈的父母在门外哭着抱成一团。那一刻，她觉得心都要碎了。醒来后，她狠狠扇了自己一个耳光，哭着向父母保证，自己一定会好好活下去。

在配合医生治疗时，她问过自己两个问题：第一，我活着的支点是什么；第二，我拥有什么，还能做什么，能不能重新开始。当她想清楚这两个问题后，就重新振作起来了。

也就是从那时候起，她开始筹备自己的广告公司，想运用自己的专业能力、人际关系和在业界的口碑，为自己打个翻身仗。思思口才极佳，创意又好，新公司马上就注册成立了。经过短暂的低潮期，她的业务逐渐走上了正轨。

谈到过去的那段岁月，她笑着说："没有谁会一辈子走背字，也没有谁会一辈子都一帆风顺，熬过去，你就成了。"

（2）

黄姐和她的经历虽有不同，但大体相似。

她是某报社的编辑，不仅工作上顺风顺水、成绩斐然，而且老公宽厚、孩子可爱，可谓事业家庭两得意，简直就是人生赢家。

一次开笔会，她张罗我们几个作者一起吃饭。吃到一半的时候，有人艳羡地问她："你为什么这么幸运？"

黄姐淡淡一笑："我要说了我的经历，你们就知道了。人生很长，没有谁是永远的赢家。"

原来，黄姐生在一个富裕的家庭，父母做生意，家里很早就有了汽车和洋房。黄姐像是泡在蜜罐里长大的。她长得很漂亮，上学时成绩也很好，顺利地考上了当地的重点高中，如果不出意外，她高中毕业就要去国外留学。

但也正是那一年，父亲外出谈生意时出了车祸，因抢救无效而过世，家里就剩下她和母亲。父亲的厂子陷入债务纠纷，还完债后，家产所剩无几。母亲做家庭妇女多年，根本就没有谋生能力。家里的生活一下子陷入困顿。

无心高考的黄姐名落孙山，随后她告别母亲，开始一边打工养活自己和母亲，一边读书自考。那几年，她做过服务员、售货员、电梯工，甚至高空蜘蛛人。白天，她忙于各种工作，晚上回到出租屋后，她又成了那个热爱学习的好学生。

四年之后，她拿着自己的大学文凭，敲开了一家报社的大门。报社给她三个月实习期，没有底薪，发了稿才有稿酬。只有通过了实习期的考核，才能被正式录用。

为了留下来，黄姐拼了。

因为没有太多钱，她住进了城边的小宾馆，每晚和一帮不知做什么行业的人睡在一张大通铺上；每天只吃一顿饭，那一顿饭还是在小饭馆里迅速解决的；在单位，她是最勤奋的人，每天早出晚归，抢着干活，抢着去采访，回来后就闷头写稿子，一边写还一边学习各种新闻的写法。

稿子一次次被毙掉，但她毫不气馁，屡败屡战。终于，她的稿子被发了。接着，她成了实习生里发稿最多的人。三个月后，她满心欢喜地以为自己会留下，但是却被人给顶替了。

再一次失去了好机会，在回家的路上，她号啕大哭，觉得老天爷一定是瞎了眼，凭什么自己这么努力却还是没有好报。

但也就是那天，哭得声音沙哑的她接到一个电话，是另外一家报社打来的，通知她去面试。

她凭借着半年来发的稿子，被那家报社顺利录用，且薪水不低，远超之前那家。

她笑着说："凭着努力，我成功扳回一局。我不是没有遇到过这样那样的困难，但我就信一句话，只要你努力了，上天自有安排，不要着急。"

（3）

黄姐和思思都是很好的励志典范。有人说"风水轮流转"，也有人说"三十年河东，三十年河西"，但并不是每个人都能明白这个道理。

　　实际上，在网络时代，瞬息万变，一个人想要"逆袭"，根本用不了十年，一年之内就能彻底翻盘。

　　很多人韧性太差，能赢不能输，能上不能下。在春风得意时，他沉迷于掌声和鲜花，天天纸醉金迷、灯红酒绿，太过张狂，毫无敬畏之心，不给自己留后路。一旦失败，他又很容易萎靡不振，陷入绝望的泥淖里无法自拔，破罐子破摔。想要成功，需要付出很多努力，但要想学坏，却毫不费力。

　　人生是一场马拉松，要想赢得这场比赛，除了体力、体能、运动的技巧，还需要有耐力。我们需要知道的是，起起落落是人生的常态，没有谁会永远一帆风顺。熬过去，你就会变得更强，如果走不出低潮期，你就会永远沉沦在谷底。

　　除非你自己醒悟，否则谁也救不了你。

5. 把人生交给命运，把生活还给自己

（1）

最近，同事大肖忙得焦头烂额，每天迟到早退，还不时请假，因为要帮大学刚毕业的儿子找体制内的工作。

我记得他儿子上的是名牌大学，很是奇怪，就问他："难道，你还想让儿子回咱们郊区？"

他的回答明显有些不屑一顾："他要留在市里可容易得很。但市里有什么好，将来房子都买不起，哪像在咱们郊区生活得这么自在，家里房车都有，我就他一个儿子，那么累干吗？我现在拥有的这些东西，将来不都是他的吗？再说了，是金子在哪儿都会发光。"

大肖没有上过大学。早年间，进入政府部门还没有现在这么难，竞争也没发现在这么激烈，经过招工考试他进了机关单位。

但这些年，因为学历不高，他也吃了不少亏。即使努力上进，他也始终没有高学历的人升得快。如今人都快五十岁了，还不过是个小科长。

他常拿自己做反面教材来激励儿子好好学习，说要是自己也受过高等教育，一定比现在混得有出息。没想到，这种激励非常有效。他儿子从小学到高中都名列前茅，高考那年，更是以全区前十的好名次考上了市区某重点大学。

实习时，儿子提出市区机会多，工资高，想留在市区发展。但是大肖死活不同意：一来儿子是四代单传，不能离家太远，否则别说爹妈，就连爷爷奶奶和姥姥姥爷都受不了；二来市区房价物价都太高，想混出个名堂太不容易了；三来在家乡人看来，能进政府部门就算是最好的工作了，那可是金饭碗；再者，民营企业的工作不稳定，即使公司再好、工资再高，也随时有被辞退的危险，不如回家乡考个公务员。

性格柔弱的儿子拧不过父亲，只好回家参加了一场又一场的公务员考试。因为有"学霸"的底子，当然是逢考必过，给大肖长了不少面子，现在正在忙着挑选工作单位呢。

听完后，我只有苦笑。

每个人都有选择自己生活的权利，谁也无权干涉，何况我一个外人。

（2）

阿文最近因为PPT制作教程《我懂个P》在网上火得一塌糊涂，下面我就来讲讲他的故事。

2012年，阿文刚毕业不久，在一家公司做实习生。

他读的是经济管理专业，但却非常喜欢图文设计。父母想让他回家考公务员，他拒绝了，说："抱歉，我的梦想很值钱。"

他的梦想是在三十岁之前出一本自己的漫画书。他也知道，梦想固然可贵，但还是先做好眼下的工作，能养活自己再说。

那时，他在公司做的PPT总是不能通过。但他没有气馁，开始在网上找各种课程来学习，后来又模仿电影海报的设计。

2013年，他人生的拐点来了。他报名参加了一个制作PPT的专业比赛，两天内做了46张PPT，并因此进入PPT制作行业，遇到了能激励他的人。他开始疯狂学习别人的长处，学人家的专业素养，学人家的设计思路，学人家的工作态度，所有这些都让他受益匪浅。

他经常感慨，如果你有机会制作一个一百页以上的PPT，你就会被逼成PPT高手，因为，那真的意味着蜕变。

进入PPT圈子后，阿文又开始向更优秀的人学习，并不断进行模仿、创作。后来，他根据自己多年来制作PPT的感想和领悟，写出了《我懂个P》的PPT系列教程，在微博上的阅读量超过两千万人次。

很快，他成为PPT界第一个靠出售模板收入过百万的人，至今仍无人超越。接着，他成了国内顶级发布会的御用PPT设计师，设计单价高达一千元一页，还根本忙不过来。

现在，他的梦想一年就值二百三十万。

不知道他的父母现在是否已经乐开了花。毕竟，他的梦想已经变现，他的坚持获得了社会的认可。

大肖儿子的前途或许也会如此灿烂，只是，他没有勇气跟世俗的观念抗衡。

（3）

我的小妹夫学的是美术专业，还是校摄影社的社长，而且擅长设计，在校期间可谓风光无限。

毕业实习时，他在郑州一家大公司做摄影，由于做事勤快，专业过硬，颇得领导赏识，就被实习单位留下了，而且待遇优厚。

小妹夫踌躇满志，准备大干一场，成就一番事业。但是即将退休的父亲的一个电话，让他从此断了念想。

他父亲一直在国企上班，思想保守，想着自己和老伴儿退休之后，可以让出一个名额，让孩子接班——这是他们单位的福利。小妹夫是家中独子，他父亲又临近退休，就想让他回来子承父业。老人觉得在国企上班才是正经职业，总比在大城市漂着好。

小妹夫开始坚决不从，没想到竟惹怒了父亲，父亲以断绝父子关系为威胁，逼迫其回家。孝顺的小妹夫没有办法，只好放弃了梦寐以求的理想工作，乖乖回了老家，进了父亲工作了一辈子的国企。如今，小妹夫在车间做了一个小组长，每月拿着在当地看来还不错的工资，忙得像个陀螺。

他的摄影梦，他的绘画梦，只能被深深地藏了起来。只是偶尔在喝多的时候，他会发出一声感慨："如果我当年没有放弃梦想，那该多好。"

可惜，时光不能倒流。每个路口的选择偏差，都会让我们痛失机遇。

（4）

在外地漂泊的这些年，我常常遇到很多名校的毕业生，有不少都在父母的安排下，老老实实地回到了家乡，按部就班地干着工作，灰头土脸地过着日子。

我问过喜欢大城市的创业氛围但最终做了公务员的慧："你为什么要回小城市？"她说："我父母不想我离得太远，我也不想太累。"

我问过喜欢设计但最终却回老家做了体育老师的枫："你

为什么不在大城市寻找机会？"他说："娶妻买房，压力太大，只好委屈梦想。"

我问过喜欢舞台最终却选择回老家随便找了份安稳工作的蓝："你为什么没有去实现自己的梦想？"他说："父母年纪大了，还是实际一点好。"

他们中有的人才华横溢，有的人能力出众，不是没有心存梦想，不是没有努力争取，只是，他们都败给了现实。

一万个人之中都出不了一个阿文那样的人，因为大多数人都没有阿文的勇气，没有阿文的魄力，更没有阿文的执着。

梦想不是谁都能实现的，它独独青睐敢于坚持的人。大多数人终其一生，都无法实现自己的抱负。我们要明白，心中尚有梦想，是多么值得庆幸的事。

如果有一天，孩子准备振翅高飞，身为父母的，应该做她翅膀下的风，助其高飞，而不是剪断她的羽翼，让她忘记飞翔。

每个有梦想的人，也请记住，你的梦想很珍贵，不要轻易放弃。无论是来自父母的压力，还是现实生活的磨砺，都不要向它们妥协，那些打不倒你的，必将使你更坚强。

未来很长，生活很难，但如果有梦想做伴，也会甘之如饴、无怨无悔。

6. 世界不好意思一直拒绝你

（1）

如今的相声界，有一个躲不过去的名字：岳云鹏。他因为默默坚持、一朝成名而被誉为"相声界的阿甘"。

这些年，他凭借贱贱的表情、活泼的台风和风趣的语言，成了"德云一哥"，火得一塌糊涂。他的口头禅"我的天哪""这么神奇吗""我膨胀了吗，我骄傲了吗""打卤馕"等被人争相模仿，简单易学的《五环之歌》更是风靡大江南北。

但如果回顾他曾经的艰辛岁月，你就会发现，没有谁是一夜爆红的，爆红背后都是含泪死撑的坚持和打碎牙齿和血吞的隐忍。

岳云鹏出身贫寒，小时候只能住牛棚，十四岁辍学当了"北漂"。他做过保安，学过电焊，在餐厅端过盘子。做服务员时，他曾因错算两瓶啤酒钱被客人骂了三个小时，最后还因此被开除。后来，他遇到了自己的恩师——郭德纲。

为了改掉自己的河南口音，他在冬天早晨站在室外，拿着《法制晚报》大声朗读；在小剧场打杂的间隙，他向台上的艺人"偷师"；第一次登台，本来是要表演一个十五分钟的节目，但由于紧张，他表现欠佳，三分钟就被哄下来了，此后半年没有再上过台；曾有人多次建议郭德纲辞退他，但郭德纲却力排众议留下了他："就是让他扫地，也不让他走。"

因山穷水尽才进的德云社，没想到却成了他的福地，让他的人生从此柳暗花明。

2010年，他终于火了，开专场，上节目，拍电影，成了大众追捧的"小岳岳"。但私底下，他还是那个沉默寡言、不会来事儿的岳云鹏。

相声，就像是他梦想的支点，他正是凭借着这个支点，撬动了自己的人生。

无论你喜不喜欢他，他就在那里，一直很努力。

（2）

一直有争议的"公众号教母"咪蒙的爆红也并非偶然。

咪蒙是山东大学中文系的硕士，曾供职于《南方都市报》。2014年底，咪蒙辞职创办影视传媒公司。十个月后，公司宣告倒闭，她花光了四百万投资，为了还债，还一度把房子抵押了出去。

抱着玩一玩的心态，她注册了微信公众号"咪蒙"，开始埋头写作。

十几年专栏作家的经历对新媒体写作来说绰绰有余。很快，咪蒙靠着一系列爆款文章迅速走红。虽然争议不断，有人喜欢，有人谩骂，但在短短四个月的时间里，她的公众号粉丝迅速超过了二百万，多篇文章阅读量超过一百万。

到了2017年，咪蒙的公众号的粉丝已超过千万，广告费用也达到百万级别，除此之外，她还注册了新公司，组建编剧团队，准备打造新的影视作品。

咪蒙很清楚，自己的爆红绝对不是一时的侥幸。她反思自己，过去不成功是因为没有把时间花在自己擅长的事情上，而她最擅长的是写文章。在众多公众号写手当中，咪蒙很清楚自己的优势所在："十二年的一线编辑经验，才是我的核心竞争力。"

如今，咪蒙的人生翻开了新的篇章，那是因为她找到了梦想的支点。

有时候，命运步步紧逼，让你动辄得咎，不过是为了把你逼到最适合的位置上，让你大放异彩。

（3）

小秋是我朋友圈里的"励志大王"。

　　她的工作本来很清闲，后来见到身边很多人都发展得不错，她就厌倦了"一份报纸、一杯清茶坐一天"的工作，做起了发财梦。

　　有一阵子，她看到别人做微商特别赚钱，就奋不顾身地投身微商行业。除了必须待在单位的时间，只要一有空，她就偷跑出去到处参加活动，天天拉着朋友讲产品。五个月之后，钱没有挣到多少，前期投入也都打了水漂，她的热情也随之消失殆尽。去年年底，她看到有人运营微信公众号很赚钱，有点小才情的她就觉得这是一本万利的买卖，也像模像样地注册了公众号。可三个月过去了，不仅"原创"标签没拿到，连粉丝量也一直在一百左右徘徊。脑袋里的"存货"被榨干之后，她也彻底丧失了信心。

　　她感慨地说自己没有财运，又乖乖地回到单位上班，不再抱有不切实际的幻想。

　　实际上，她只是羡慕别人的人生，却不知道别人为找到梦想的支点花费了多少时间，又付出了多少努力。如果你不肯下决心去寻找梦想的支点，或者找到了支点却不肯付出努力，那么，你就只剩下羡慕别人的分儿了。

（4）

　　什么是梦想的支点？就是你人生可能成功的领域。

很多人都想发大财，想成为明星，想要香车宝马，想扬名立万，但是，你首先得找到梦想的支点。

第一，梦想的支点就是你的兴趣点、你的爱好、你擅长的事情。它让你甘愿为之付出时间和精力。比如，相声之于岳云鹏，写作之于咪蒙。

第二，找到好的平台或者好的敲门砖。岳云鹏遇到了好的老师、好的平台，这为他创造了好的机会；咪蒙是编辑出身，在报社待了十三年，这是从事媒体行业的黄金履历。

第三，持之以恒的努力。冯唐曾在《搜神记》里说过一句话："如果一件事情，你能认真努力做十年，哪怕你是个天赋一般的人，你都有可能做到九十分。"岳云鹏从2004年起就已投身相声界，在大红大紫前，他已经默默地努力了十多年；咪蒙有着十多年的媒体从业经验，到现在也是每天工作十四个小时。

没有偶然的成功，只有持久的努力。每一个成功的人背后，都有你意想不到的付出。

想要像他们那样撬动人生，请先找到梦想的支点所在。

世界上没有绝望的处境，
只有对处境绝望的人

1.你那么年轻，怕什么万一

（1）

前阵子，老家有个亲戚找到我母亲，说他的孩子想到北京闯荡，央求我给他介绍一份工作。热心的母亲便把我的电话号码给了他，让他的孩子亲自联系我。

当那个孩子打来电话时，我正在写稿。

听完大概意思后，我告诉他："可以啊，现在很多单位都用工荒，急需人手，只要肯吃苦就行。"

他听后大喜，急忙问我："那你准备让我去哪儿上班？累吗？忙吗？工资多少？管吃住吗？"

我一时语塞，好一会儿才缓过神来。

随后，我告诉他："因为你只是初中学历，可选择的余地就不是太大，而且无论我介绍你去哪里，都只是给你争取了一个面试的机会，只有面试通过了，才能去上班。毕竟，公司也好，工厂也罢，都不是我开的。"

他一听，情绪明显有些失落，说："这都不能保证，那还是不去了。万一面试通不过呢？万一去了不适应呢？白白花了路费不说，还耽误了这边的工作。"

挂了电话，我不知道还能干些什么。

世界上哪有这么好的事情：合适的工作，不忙也不累，满意的酬劳，不用面试，一来就能上班？既然想闯荡，必然会遭遇挫折和失败，怎么可能一帆风顺？

没有迎难而上的勇气，没有破釜沉舟的决心，怕吃苦，怕受罪，被那个"万一"吓住了，那就索性窝在家里别出来了。

你自己都不敢放手一搏，谁会为你的人生打包票？

（2）

我想起了儿时的玩伴小艳儿，她阳光开朗，活泼好动，对任何事情都充满热情，但从不敢付诸行动，以至于事后常常懊恼："当初我要是勇敢点就好了。"

记得我刚考入大学时，因几分之差而落榜的她说想复读，我说："那就复读呗。"她又犹豫："还是算了吧，万一考不上呢。"

是啊，复读需要付出很大的代价，万一再考不上，不但浪费了复读费，而且还浪费了大好的时光。加上小艳儿下面还有两个弟弟，孝顺懂事的她不愿再让父母做看不到回报的投资。于是，高中毕业后，她便去了亲戚的服装店，帮忙看店。

但到底有些不甘心，总不能帮人看一辈子店吧。于是，她一直跟过去的同学保持着联系，试图寻找机会，另觅出路。

看到闺密开了个小店，生活过得丰富多彩，她满眼羡慕。闺蜜笑着说："要不跟我合伙做吧，反正我现在也缺人。"她低头笑着说："算了，万一亏了呢，我是能挣不能赔啊。还是踏踏实实地看店吧。"

看到有同学到外地打工，小日子过得不错，她羡慕极了："帮忙看看有没有机会啊！"但当同学帮她问好了工作，欣喜地让她过去上班时，她又打起了退堂鼓："哎呀，还是算了。万一我不适应咋办？"

看到有同学考入了政府部门，端起了众人眼红的"铁饭碗"，她又羡慕："帮忙问问你们还招人不？"同学让她准备公务员考试时，她却连连摇头："不行不行，我现在提笔忘字，都不会考试了。万一失败了咋办？"

看到后来复读的同学都考入了大学，她懊悔不已："唉，当初我要是跟你们一起复读就好了。"

后来，我管她叫"万一小姐"，因为听她说过太多"万一"。

在她摇头说"万一"时，时间已悄然过去了好多年。后来，听说她嫁人了，慢慢地就淡出了我的视线。现在，我和她早就断了联系，不知道她是不是还会经常说"万一"。

如果时光能倒流，不知道她会不会为那么多假想的"万一"后悔。

（3）

你总是赢得起输不起，那么还没有开始，你就注定要失败。成功本来就不是一蹴而就的，成千上万的创业者，有几个人能成为总裁？不是因为看到希望才坚持，而是因为坚持了才会有希望。

我相信很多人都说过"万一"，很多人也不止一次地听过"万一"。

备考时，他们心里想的是："万一我努力了，还是考不好怎么办？那钱不是白花了吗？"

恋爱时，他们心里想的是："虽然他现在很爱我，但万一他变心了怎么办？"

创业时，他们担心的是："我付出了那么多心血和本钱，万一失败了怎么办？"

他们总是患得患失，畏首畏尾。考虑到"万一"是对的，因为做事情要有计划、有策略，要把后路想好，要尽最大的努力，做最坏的打算。但是，如果一直与"万一"纠缠不休，那么你注定一辈子碌碌无为。

每个人都有惰性，都习惯躲在安全地带里，不敢轻易突破常规。改变要付出代价，成功也是有成本的。如果人人都因为害怕"万一"而裹足不前，困在自己的舒适区里，那么这个社会将无法发展。

（4）

其实，你那么年轻，怕什么"万一"啊。

齐白石二十七岁才开始学画画，五十六岁后大胆突破自己、转变画风，自此声名大振；吴承恩五十岁左右才写完《西游记》的前十几回，后来因故中断了多年，直到晚年辞官离任回到故里，才得以继续进行《西游记》的创作。如果这些人物还不够励志的话，那就看看我们耳熟能详的一些企业家：马云，三十五岁创建阿里巴巴；柳传志，四十岁创建联想公司；任正非，四十三岁创建华为公司；尹明善，五十五岁成立力帆摩托车配件所。

马云说得很对：成功的关键不在于年龄，而在于毅力和对机会的把握。

雨果曾说："四十岁是青春的老年，五十岁是老年的青春。"那你现在才多大呢？二十岁？三十岁？还是四十岁？

无论你多大，请记住，彪悍的人生才刚刚开始。如果你现在畏首畏尾，那么等到老的时候，就只能跟子孙感叹："要是我当年肯搏一把就好了。"

　　成功会在一次又一次的失败和挫折之后来临。当你翻越一座座山，跨越一条条河之后，无论是否能抵达自己的理想王国，你都会无怨无悔。因为正是看过了沿途的风景，你才有了不同的眼光与胸襟，有了不同的人生格局。

　　好了，就趁现在，趁你的太阳还在东方，趁你还唇红齿白、青春焕发，出发吧，要相信，一切皆有可能!

　　毕竟，奋斗的青春才最美丽，奋斗过的人生才更精彩。

2. 迷茫的时候，就选最难走的那条路

（1）

齐总是我认识的一位企业家，某知名大学毕业的帅哥。

他经营着一家餐饮公司，是当时北京最早提供送餐服务的公司之一。去年，公司被某大型餐饮公司收购，他也开始坐享股份分红。与此同时，他也对自己名下的其他产业进行了转型升级，将业务扩展到了文化产业。

但回想当年，他选择的却是最难走的那条路。

研究生毕业后，他在某大学做助教，工作稳定清闲，毫无压力。一次，他在中学当老师的女朋友跟他抱怨说学校午饭太难吃，如果能叫外卖就好了。于是，爱好烹饪、头脑灵活的他就开始在这方面动起了心思。

那时候，国内的快餐行业刚刚起步，并不被人们看好。但经过缜密的市场调研之后，他毅然辞去助教的工作，干起了餐

饮行业。

亲友都说他疯了，放着好好的大学助教不做，偏要去做什么餐饮，毫无前途可言。女朋友也不理解，甚至以分手相威胁。但他丝毫不为所动，他对女朋友说，在学校里固然轻松悠闲，但如果余生都只是在学校里混什么教授职称，自己会闷死的。

说服女友之后，他拿出两个人不多的积蓄，开始招兵买马，选厨师，找客户，到处学习经验、考察市场。

从公司刚成立起，他就找专人制定了一套标准化的厨房操作流程，明确规定了一份菜需要用多少食材，甚至精确到厨师每次炒菜应该放多少油和盐。

由于前期跑市场积累了很多经验，他的餐饮公司很快进入了某学校，且因物美价廉得到了师生们的一致好评。紧接着，他凭借良好的信誉和口碑，一举拿下了很多学校的订单。

这些年来，在前同事不断抱怨工作压力大、工资低的同时，他已经逐渐建立了自己的品牌，实现了财务自由。

后来，作为学校的优秀毕业生代表，他被学校邀请去给毕业生谈职业规划。

会场上，他意味深长地对学弟学妹们说："有些路，在外人看起来前途无量，但不一定适合你，只有你自己看上的那条路，才是你的前途所在。迷茫的时候，就选最难走的那条路。"

（2）

我认识的美女企业家金华，也是个典型的励志人物。

中专毕业之后，她很想干一番大事业，就来到北京打工。但她发现自己的文凭太低，于是就一边打工，一边通过自学考取了经济管理专业的大学文凭，希望将来能找到一份更好的工作。

但拿到毕业证书后，她却迷茫了，摆在她面前的有两条路：一是换个好一点的工作，继续待在北京，朝九晚五，将来结婚生子，平平淡淡过一生，这也是她的父母希望看到的，谁不愿意儿女有个好前程呢；二是回农村老家创业，虽然苦一点，但却能跟父亲一起养蜂，还能顺便照顾上了年纪的父母。

她选择了第二条路。

得知她要回村养蜂，村里的人都觉得她是在瞎胡闹。多少孩子都想跳出"农"门，到大城市去安居乐业，她好不容易考出去了，现在却又要回来务农。父母以为她是迫于城里的生活压力才要回来的，所以并未阻拦，而是好言安慰她："女孩子要什么事业啊，过两年找个好婆家就好了。"

金华微微一笑，并不解释，埋头扎进了这份"甜蜜"的事业中。

在当地，女孩养蜂简直是天方夜谭，因为做蜂农太苦了。首先放蜂就很辛苦，放蜂的地点需要慎重选择，既要远离村民的居住区，避免蜜蜂蜇伤人，还要选在花木繁盛的地方，方便蜜蜂采蜜，而且不论白天黑夜，都要跟蜜蜂待在一起。

面对众人的非议和不理解，金华什么也没说，她忍受着孤独，一个人背着蜂箱，到处追花期放蜂。有一次突发暴雨，蜂箱被山洪冲走了，她一个人哭着找回了蜂箱，身上被暴雨浇透了。养好了蜂，又要开始摇蜜……

父亲实在看不下去了，就劝她放弃，但她还是咬牙坚持了下来。

后来，她又只身前往全国养蜂业最发达的浙江省，学习先进的养蜂经验。回来后，她把新技术应用到合作社内的蜂蜜生产、消毒、灌装、包装、销售等各环节，实现了统一生产、统一管理、统一销售，并注册了"海鲸花"商标。经过几年的发展，她生产的蜂蜜、蜂王浆等蜂蜜产品在当地颇受欢迎。

如今，她在蜂蜜产业界已经小有名气，不仅有了自己的蜂蜜公司，还带领更多的家乡人一起开创"甜蜜"的事业。

谈起以前的创业经历，金华告诉我们："有时候越是迷茫，就越是要坚守内心的梦想。"

（3）

每个创业者大概都是如此，必须经历无数次的考验，才能拨开云雾，找到真正属于自己的那条路。

我大学刚毕业时，也曾经历过这样的迷茫，不知道是该回老家当一名老师，还是该留在大城市里寻找自己的梦想。我父母对我说："当老师多好，工作稳定，不用风吹日晒。一个女孩子家，谁也不指着你能挣多少钱，好好过日子就行。"

但是，经过思考之后，我还是选择留在大城市闯荡。

你的路，终究是要用你自己的双脚去丈量的，别人的建议只能作为一个参考。你必须静下来问问自己，你想要的到底是什么，你的梦想是什么。

上天很公平，它给了每个人一颗梦想的种子。小时候，每个人都有自己的梦想，有的想成为音乐家，有的想成为军人，有的想成为科学家，有的想成为运动健将……但长大后，尘世里的水深火热会把大多数人的梦想的种子煮熟了、泡烂了。只有一小部分人，耗尽心力，拼上性命，死死守护着这颗种子。

跟梦想的种子相伴而来的还有热爱，它生于你的内心，深藏在你的天性里。如果你在意它、呵护它，每天给它雨露，给它阳光，它就会慢慢生根发芽。如果你忽略它、漠视它，慢慢地，它就会枯萎而死。

热爱了才会痴迷，痴迷了才能做到极致。有了热爱，再漫长的等待，再枯燥的坚持，你都不觉得难熬。

把你热爱的东西做到极致，便能梦想成真。孔子把学问做到极致，便创立了儒家学说；莫言把小说写到极致，便获得了诺贝尔文学奖；贝多芬对音乐爱到了极致，便成了享誉全球的作曲家；霍金对物理学痴迷到了极致，便成了继爱因斯坦之后最杰出的理论物理学家之一……

你要每天坚持做点事情，比如练琴、练字、读书等等。看起来，这点滴的积累就像萤火虫的微光一样毫不起眼，但迟早有一天，它们会汇聚在一起，发出耀眼的光芒。

（4）

不要艳羡别人的成功，不要嫉妒别人的光环，盛名之下，甘苦自知。他们现在有多少荣耀和骄傲，就曾经历过多少艰辛和挫败。

梦想不过是携着热爱勇往直前，一百次跌倒之后，一百零一次站起来，重新出发。

再好的时光，也经不起盲目的消耗。如果你热爱教书育人，何必在文山会海里消耗时日；如果你想做一名作家，那么从现在就拿起你的笔，义无反顾地写下第一行文字；如果想成为一名书法家，那么就把你的业余时间全部染上墨香……

哪怕梦想再大，热情再多，你都要从当下做起，从今天做起，心甘情愿为某一件事殚精竭虑，只管耕耘，不问收获。只有这样，你才有机会拨开欲望的层层罗网，找寻内心的自在和欢喜，让生命的分分秒秒如同水滴，穿透厚厚的人间烟火，最终把梦想雕刻成你想要的样子。

时光，从不会辜负每一个为梦想奋不顾身的人。

无论你今年是二十岁、三十岁，还是四十岁、五十岁，只要心怀梦想，从哪一天开始都不算晚。

所以，不要觉得现在还年轻，就肆意挥霍你的时间。这世间，除了生死，什么都是小事。既然岁月悠长，那么不如静下心来，做点自己喜欢的事情。用余生酝酿一种深情，专注做一件事情，让你的热爱永存，让你的梦想最终长成参天大树，郁郁葱葱。

即使最后一无所获，你的人生也会因为曾经努力追梦而熠熠生辉。

3. 当我和世界不一样，那就让我不一样

（1）

我因为长期伏案写作而导致肩膀疼痛，于是，有一段时间，我常常光顾小区附近的一家盲人按摩店。

按摩店里有若干位盲人师傅，他们中有的是先天失明，有的是后天致盲，年纪有老有少，性别有男有女。客人来的次数多了，他们有时仅凭声音就能猜出是哪位。

每次还没进店门，就能听到里面的欢声笑语，其中尤以店长老孟为甚。他嗓门最大，也最能调侃。

老孟是"70后"，别看他是盲人，能耐可不小。他见多识广，知识渊博，常常跟客人天南海北地聊天，或是国家大事，或是灵异怪谈，或是财经新闻，或是娱乐八卦。在他的带动下，盲人师傅们个个都极爱侃大山。参与讨论的人多了，话题又广泛，气氛又轻松，按摩店不像按摩店，倒像个容纳三教九流的茶馆了。

不管你是什么身份，性格内向还是外向，只要去了那里，不超过十分钟，就会被他们引导着打开话匣子，开始参与讨论。

最让我感慨的，是盲人师傅们不卑不亢，不怨天尤人，永远积极向上的人生态度。

不管你是一身疼痛也好，一脑门子官司也罢，只要去了那里，你就能被彻底治愈，不仅身体上的病痛消失了，连心里的雾霾也都给吹散了。

老孟常挂在嘴边的一句话是："别看我们眼瞎，但我们很少瞎说。我们只是眼瞎而已，比那些心瞎的人强多了。"

跟他们聊天时，听他们说起一些陈年旧事，谈到现在的生活状态，能感受到他们的知足常乐：虽然失明了，但至少有腿有脚；只要肯努力，就能学到按摩技术；凭借过硬的按摩技术，不仅能自食其力，养家糊口，还能帮别人祛除病痛，这是非常幸福的一件事。

虽然上天收走了他们眼里的光明，但是却照亮了他们内心的世界。如果我是他们，大概也会打心眼里爱上这样的自己。

（2）

我喜欢晨练，每天早晨都会绕着我家附近的小公园跑步。

晨练时，经常会遇到一位三十多岁的女清洁工，她给了我很多莫名的感动。

在这个城市里，清洁工大都会戴着厚厚的口罩和帽子，将自己包裹得严严实实，唯恐别人认出自己。只有她完全露着脸，而且化了妆，浅浅的眉毛，淡淡的嘴唇，显得生动了许多。无论见到谁，她脸上都绽放着灿烂的笑容，仿佛浑身散发着"你好"的问候。

那一天，她头上别了一枚精致的发卡，手上戴着一枚黄澄澄的金戒指，车把手上绑着一束鲜艳的塑料花，车筐里还放着一个编织袋，里面隐约露出一台小收音机，低声播放着当日的新闻。处处显示着她的与众不同。

或许是受到了跳广场舞的人群的感染，她也情不自禁摆动着身体，一脸的欢喜。

瞥见我笑着看她，她有些不好意思地停住了，冲我笑了一下，然后回头干起活儿来。

她把垃圾桶里的垃圾清理完，然后又拿出一块干净的绿毛巾，细心地擦拭垃圾桶的表面。经她擦过的垃圾桶锃亮如新。她仔细检查了一遍，然后满意地骑着车奔向下一个目标。

她哼着小曲儿，脸上带着喜悦的笑容。跑第二圈再次接近她时，我不禁问她："你为什么天天都这么开心？"她心满意足地说："我觉得我过得特别好，和村里的其他人相比，至少我有一份工作，自己挣钱自己花，不用低声下气地向别人伸手要钱。"

说这话时，她的腰板挺得很直，好像她干的是一桩大买卖，又好像她是一个很有钱的主儿。

（3）

我常常被生活中这些小细节感动着。

正是生活中那些普普通通的人提醒着我，每个人，无论高低胖瘦，无论身份地位，都是独一无二的限量版，都有资格用自己的方式获得幸福。

世界上99%的不幸，来自跟别人的攀比：你是部门经理，我就不能是部门主管；你挎名牌包，我就必须穿名牌服装；你老公月薪过万，我就整天骂自己丈夫不争气；你老婆年轻貌美，我就嫌弃自己老婆人老珠黄；明明有物美价廉的手机，却偏偏要羡慕那些拿着iPhone手机的人；本来有两居室的温暖，却眼红豪宅别墅的宽敞大气……

如果你一味进行这样简单的比较，那么你的世界一定暗无天日。

芸芸众生，贫富虽各有不同，但也可以各有各的自在。有钱人可以住别墅、开豪车，见到更广阔的天地，拥有更宽广的眼界和心胸；普通人只要衣食无忧，琴瑟和鸣，身心健康，那么幸福指数也未必低到哪去。

苦闷了，可以去医院看看，那些有各种病痛的人会告诉你，健康最重要；绝望了，到墓地去走走，那些墓碑上一个个鲜活的名字会告诉你，活着有多美好。物质条件上的匮乏，可以用精神财富来补充，但如果精神世界是荒芜的，那么不管你多有钱，都不可能找到幸福的路。

我们大多数人都不过是寻常百姓，不要总拿自己的胳膊去跟别人的大腿比，不要总拿别人的强项来对比自己的弱项。多看看自己拥有什么，不去盲目追求得不到的东西，这就是普适的幸福观。

每个人都有弱项和短板，只有认清自己的优势，你才能找回自信。也许你长得不好看，但你可以练出健美的身材；也许你学历不高，但你可以好好锻炼自己的能力；也许你的工作不够好，但不代表你不能做出成就；也许你出身不好，但是一样可以通过自己的努力实现"逆袭"。

无论如何都要记住，你才是最珍贵的限量版，举世无双，无人匹敌。争取属于你自己的幸福，就是你此生最大的意义。

4. 人生最大的贵人，是你自己

（1）

我的小师弟A和B是大学同学，两个人住同一个宿舍，同时毕业，同样一身臭汗挤公交、找工作，但后来的际遇却有天壤之别。

那天，市中心的人才交流会上人潮汹涌。A和B也身处求职大军之中，但只有A看到了在人群中，有一位中年男子头冒冷汗，捂着胸口，逆着人流往外突围。A像一条鱼一样，在人海中费力地游到他跟前，将他搀扶出来，带他去了附近的医院。B看着A远去的背影，一脸不解，失望地摇摇头，然后继续投入求职"厮杀"之中，往心仪的公司投递简历。

等A返回会场的时候，很多招聘单位的摊位都撤了。B埋怨他不该多管闲事，搭上了自己的前程。

而随他一起返回会场的那位中年男子听到他们的对话后，

便问了A的相关情况，微笑着让他给自己一份简历，但并未说是要干什么用。

很快，面试通知下来了，大家都以为B最有机会进入某大型公司。但结果却出人意料：并未投简历且资质平平的A被直接招进了那家公司。

去公司报到时，A才发现，那位中年男子竟然是那家公司人力资源部的副总。

B又是羡慕又是嫉妒，后悔自己当时抛下A，独自跑去投简历，否则，凭他的能力，一定比A发展得好。

进入那家公司之后，A颇受器重，进步也非常快。B心里很是愤愤不平，觉得自己就是一匹还没有遇到伯乐的千里马，空有一身才华，却只能"祗辱于奴隶人之手，骈死于槽枥之间"。

他对A说："你多好啊，刚毕业就遇到你的伯乐。我就没那么幸运了。"结果一语成谶，B之后找的工作一个不如一个。这让他越来越绝望，不仅对工作挑三拣四，而且对同事牢骚满腹。这直接导致他工作效率不高，与同事关系不和谐，最后只能频繁跳槽，丧失了在一个行业内深耕的机会。

A却对B说的话深信不疑，觉得自己非常幸运，工作也更加勤勉努力。五年之后，他又升了职，想请副总吃饭，副总却婉拒了。

他对副总说："谢谢您的知遇之恩。如果不是遇到您，我的职场之路不会这么顺利。"

副总笑着摆摆手："傻孩子，人都觉得贵人重要。其实，最大的贵人，就是你自己。"

看A一脸懵懂的样子，副总又说："小时候，我们都曾背诵过韩愈的《马说》'世有伯乐，然后有千里马。千里马常有，而伯乐不常有。'都觉得如果不是遇到伯乐，千里马再厉害也白搭。但实际上，我们才是自己的贵人，才是自己的伯乐。那天你救了我的命，让我看到了你善良的一面。而我们公司缺的就是你这样善良而肯于牺牲的人。所以，不用感谢我，你才是自己的贵人。"

（2）

同学多多最近考取了国家二级心理咨询师，计划以后经常参与一些公益项目，还在微信朋友圈发了一些带着老公和孩子在山区助学送爱心的照片，让我眼前一亮。

我觉得多多太幸福了，该浪漫时风花雪月，该成家时岁月静好，该有钱时家财万贯，该做慈善时一点儿也不含糊，妥妥的人生赢家。

多多本是校花级的文艺女青年，爱写诗，爱文艺，爱臭美，常混迹于全市各大文艺团体。由于极度厌恶数理化，没能考上大学。但身边却有个钟情她多年的青梅竹马，对她穷追不舍，非她不娶。几年后，她成家生娃，夫家虽然不是大富大贵，但总不至于让她为吃穿发愁。

多多并不安于做家庭"煮妇"，她想要更好的生活。她精明能干，很适合经商，一直在寻找合适的机会。等儿子上了幼儿园之后，她就说服老公，开了家服装店，执着地走上了一条经商路。

十五年后，她的服装店开到了三家。良好的心态，富足的生活，让她如今虽然年过四十，却依旧光芒四射。除了天生丽质会打扮，一身的文艺气质也为她增色不少。在那个三线小城市里，所有见到她的人都会无比惊艳。即使结了婚生了娃，依旧吸引了不少献殷勤的男子。

她却不为所动，洁身自好，守着老公和孩子，有诗有书有画有酒，过得十分惬意。

现在，多多的服装店进货全靠网络和快递，每个店都有店长和店员，她只要看网络数据就行。十五年的努力，使她实现了财务自由，过上了想要的生活。

但事物都有两面性，就如同一座高山，山的阳面终年阳光普照，花草树木皆能吸收阳光雨露，而山的阴面则终年不见阳光，死气沉沉。比如董卿的才华、马云的富有，都是山的阳面，世人能看到的一面。而阴面则是董卿有个艰辛的童年，马云当年被人说成是疯子。

这些年来，关于多多的风言风语一直没有断过：她刚开店时，有人等着看她的笑话；她生意火了，有人说干不长；她换了大房子，有人说她肯定傍了大款；她买了新车，有人说她被人包养；她过得越来越滋润，有人说一个女子哪里能这么厉害，肯定是有贵人在帮她。

听说我要写她的故事，她淡淡一笑："我哪有什么贵人啊？我最该感谢的是我自己。都看到我如今潇洒自在，谁想过我曾吃过的苦、受过的罪。想当年，别的姑娘坐在空调房里，干着朝九晚五的工作，我却在大太阳底下，扛着比我大几倍的袋子跟进货商讨价还价；别的姑娘跟男朋友约会看电影，我得在店里看着，想办法提高销售量；别的姑娘还在被窝里赖床，我却在长途汽车上因晕车吐得昏天黑地；别的姑娘周末去旅行，而我永远在去进货的路上……"

很多人总是盲目羡慕别人眼前的成就，却不肯相信人家背后的辛苦，甚至仅凭自己的臆测便造谣中伤别人。实际上，与其临渊羡鱼，不如退而结网，与其吐槽别人，不如自己变得强大。

添油加醋地传播流言的人太多，多多早就看透了："如果唾沫能淹死人的话，那么很多人早就不在人世了。但他们都还活着，而且活得生机勃勃。那就证明，流言就是个笑话，好好爱自己比什么都强。当你越来越好，流言便不攻自破。"

她说得很对，我们每个人最该感谢的贵人，就是自己。

（3）

这个世界上，有人，就会有流言，有流言，就会有信众。不必辩白，更不用澄清。有些人，你慢慢去相处才会发现，他是值得爱的；有些路，你慢慢去走才会知道，路会越走越宽。

罗永浩说过："彪悍的人生，从来不需要解释。"时间终会公布最终答案。

你始终要为你自己的人生负责。无论你正从事着什么，遭受着什么，只要足够爱自己，任何困难都阻挡不了你，任何挫折也打不倒你。爱自己的人，才会倍加珍惜自己的生命，才会千方百计地发光发亮，才会不畏人言、完美绽放，才配拥有彪悍的人生。

每个人都与这个世界息息相关，每个人都是社会这台大机器上不可或缺的一个齿轮或螺丝，不要看轻了自己的工作，不要浪费自己的时间，你的工作没准能把社会推进一大步。

在工作中要勤勉严谨，在生活里要活色生香。用你的真诚态度、敬业精神和专业能力，让社会因你而悄悄发生变化。

从今天起，好好爱自己。因为你此生最大的贵人，就是你自己。

5. 水远山长，来日可期，你怕什么来不及

（1）

师姐荣是财经系的美女，头脑灵光，情商极高，杀伐决断，特别有魄力，曾经是学生会的女生部部长。

记得大学刚毕业时，她踌躇满志，跟一家银行签了约，只身一人南下到了广东某个地级市，想闯荡出一番事业。

我还记得她跟我说起银行行长的意气风发，一脸向往地说："以后，我要坐他的位置。"

但我们都知道，这谈何容易。我和她都非本地人，一听不懂广东话，二无亲无故，三无贵人提携，四无后台照应。在人生地不熟的南方小城，连生存都是个问题，更遑论发展。

虽然进了梦寐以求的银行系统，也不过是信贷科的一个小业务员，风里来雨里去，拉存款，放贷款。而且，还有一年的试用期，要跟同时进银行的八个本地人同指标考核，最后只有

两个人能留下来。

我和她曾在一起住过三年。

那三年间，我太了解她是怎么过的了：不仅是"白加黑"，工作不分白天和黑夜，还是"五加二"，没有工作日和周末的概念，没有节假日；有时等客户到很晚，有时还要请人家吃饭，不会喝酒也要装作会喝酒的样子，喝多了跑到厕所去吐，吐完了再喝；时不时还会遇到一些心怀不轨总想着趁机占便宜的人。

那时候，她存款业绩不行，放贷质量不佳，约见客户失败，任何一项都可能是压死骆驼的最后一根稻草。

有无数次，她绝望地大哭，想要放弃，但一次次又坚强地挺了过来。当时，跟她同时进来的几个人，都因为受不了信贷部的压力，或者找关系调去了别的部门，或者干脆辞职。但好在，她常常激励自己，要想成功就得慢慢来。

只有她，就像是经历了九九八十一难的唐僧一样，用自己的勇气、智慧，还有耐心，一路披荆斩棘、斩妖除魔，有惊无险地走了过来。

听上司说过，信贷部虽然压力大，却是最能考验人和磨炼人的，如果你能坚持下来，而且业绩越来越好，那就证明你是干大事的人。于是，她不仅顺利晋级，而且后来不断升职加薪，在大学期间所锻炼的能力一点都没有浪费。

如今，她已经实现了当初的理想，成了分行的行长，年薪几十万，开豪车，住大房子。这一切，都是因为她有足够的耐心和毅力。

（2）

跟荣同时签约进入银行的还有一个女孩阿雯。

阿雯是当地人，父母都在当地政府部门任职，特别有优越感。

听说九个人要共同竞争两个名额时，她对其他人不屑一顾，一副胜券在握的样子。

她管外来的女性叫"北妹"，言语间带着轻蔑。她跟老员工打得火热，用广东话讽刺"北妹"："还想跟当地人竞争，简直是自不量力。"

刚开始，荣听不懂，后来，荣听懂了。她极度反感这一称谓，发誓要让她看看到底谁才能笑到最后。

初入行时，阿雯的业绩一直遥遥领先，被领导所赏识。原因不说大家也知道，都是凭借她父母的关系拉来的贷款。但是，慢慢地，阿雯的业绩就降了下来。因为她不肯出去跑业务，每天只是打着跑业务的幌子到处玩儿。所以，她只有父母介绍的老客户，却没有自己拉来的新客户。后来，看到其他人因为承受不住压力而纷纷辞职，只剩下三个人时，她还是信心满满，觉得自己一定能留下。

荣的业绩一直稳中有升，虽然不时有老客户流失，但同时也不断有新客户加进来。如果说阿雯的客户群是一潭死水，那么荣的客户群就是一眼活泉。

离年终考核还有两个月的时间，一个外地企业家看到了荣的努力，被她感动，存了一大笔钱进来。荣的业绩一下就超过了阿雯。

主管宣布当月业绩排名时，好强的阿雯有些气急败坏，当场就找到主管宣布辞职。荣直接胜出。

后来，信贷部的主管找荣谈话，对她说："能考入我们银行，绝非易事。上面本来已经决定将你们三个全部留下。可惜阿雯失去了耐心。再多待一个月，她就会和你们一样成为正式员工。"

（3）

记得多年前看过电视剧《康熙王朝》，其中有一场戏让我印象很深刻。

康熙十四岁亲政，十六岁扳倒鳌拜，可谓少年得志，雄心万丈。他认为"三藩"的割据势力严重威胁到清王朝的集权统治。如果不能削藩，那么他今后的工作就没法开展，尤其是平西王吴三桂非常过分，不仅选官纳税不向朝廷汇报，而且每年还要向朝廷索要大批军饷物资。

康熙找到他的皇祖母孝庄太后，告诉她自己决计铲除"三藩"，强化中央政府的统治，却遭到了孝庄太后的强烈反对。

孝庄太后告诉他："我知道你有雄心，但是雄心的一半是耐心。"孝庄太后害怕吗？不是！因为时机尚未成熟，康熙的位置还没坐稳。他低估了吴三桂的实力跟野心，一旦宣布削藩，那么吴三桂必反，以其为首的"三藩"战力之强绝非康熙所能想象。经孝庄太后劝阻后，康熙虽然心有不甘，但是却谨遵教诲，不敢轻举妄动。

直到1673年，康熙二十岁时，平南王尚可喜请求归老辽东，但请求留其子尚之信继续镇守广东，这引发了清廷是否撤藩的激烈争论。最后康熙认为"藩镇久握重兵，势成尾大，非国家利"，决定下令撤藩。

随后，他用了八年的时间，才正式平定"三藩"，解除了政治危机。

若康熙没有听从孝庄太后的意见，而是意气用事，提前平定"三藩"，相信中国的历史可能要改写。

耐心，就是静静地等待一朵花盛开，等待雨后的彩虹，等你的梦想成真，等你的事业如日中天。就好比，你种下一颗种子，要不停地浇水，施肥，耐心地等着它生根、发芽，长成参天大树。仅仅凭借雄心，绝对成不了大事。

很多时候，光有雄心还不够，你还得有耐心。

6. 你只是看起来很努力

（1）

好朋友雪在微信朋友圈发誓要在一年之内减重二十斤，并"立帖为证"。

她在微信上写道：只要听健身教练的话，有毅力有计划，一年之内减掉二十斤不是什么难事。

大家在下面纷纷点赞，就连她老妈也表示坚决支持。

此后，雪真的很努力，每天五点就开始起床跑步，晚上不管刮风下雨都坚持去游泳馆。在每天的"步数排行榜"上，她都高居榜首，天天霸占我的微信页面。

看到她每天在微信朋友圈的打卡记录，我很崇拜她，因为她上学那会儿都没这么卖命。

但是，半年之后，我见到的雪，却全然没有瘦下来的样子。

我很是好奇："怎么一点也没有瘦下来啊？"她也委屈得很："谁知道呢？这么高强度的运动都不管用，看来运动能减肥都是骗人的。唉，'命里有时终须瘦，命里没时胖成球'。人家说，这是基因的问题。"

很久之后，我知道雪已经放弃了减肥，该吃吃该喝喝，当然，还是没有找到合适的男朋友。有一次，我遇到了她妈。她妈有点恨铁不成钢，告诉了我雪没有减肥成功的。

刚开始，雪的确很努力，每天都坚持早起跑步，每次回家都大汗淋漓。但回家后，她总是担心自己营养不够。每跑一个小时步，她都会按教练说的补充很多食物：要吃肉，要喝酸奶，两百克的酸奶一喝就是两罐，因为教练说"不能缺蛋白质"；要吃主食，要补充碳水化合物，因为教练说了，"摄入的碳水化合物不够多，就更容易疲劳"；要吃巧克力，因为"那是恢复体力的好帮手"；要喝咖啡，增加肌力，因为"咖啡因能刺激中枢神经系统，增加新陈代谢，加快心跳，令身体释放更大的能量，并可以使体力回升"；要喝高效补水饮料，因为"在高强度活动期间，体内流质减少会增加中暑性痉挛、中暑衰竭或者中暑的可能性"。她的说辞一套一套的，乍一听还很专业，把家里人说的一愣一愣的。

所以，虽然运动量比以前多多了，但是她的进食量也严重超标。

她妈还笑着说，别看雪每天炫耀自己跑了那么多步，实际上她是把运动手环绑到了家中的宠物狗腿上。

我这才知道雪减肥不成功的真正原因。

她只是看起来很努力，就像她曾拼命假装努力学习一样。

（2）

朋友跟我说起过他们培训学校的一个学生。

去年考研的时候，那个学生很努力，天天披星戴月去上补习班。

当街坊当着她父母的面夸奖她时，她父母一副很受用的样子，笑着说："你看，我俩是老师，都是研究生毕业，她哥哥姐姐也全是硕士学历。到了她这里，总不能丢了父母的脸吧。"

她的确很努力，每天五点就起床，晚上到一点还不睡。

看她房间的灯每晚要亮到很晚，她妈心疼了："你只要尽力就行，结果不重要。"

最后，她没有考上，她姐姐气不过，找到了培训班的老师兴师问罪。

培训班的老师什么也没说，调出了课堂监控录像，抱出了她所有的作业，让她姐姐看。她姐姐看完录像哑口无言，扭头就走了。

原来，在录像里，她要么趴在桌子上睡觉，要么玩手机，老师去管，她根本不听，还让老师不要管她，说自己太辛苦了。她的作业，要么敷衍了事，要么错题连篇。

我朋友说："其实，上补习班的学生有两种，一种是差生，一种是尖子生。差生补的是基础知识，而尖子生为的是更上一层楼，无论是哪种，都必须要有学好的决心，要认真听老师讲课。"

她虽然付出了体力上的努力，但并没有认真听老师的话，没有学会老师传授的学习方法，她只是在例行公事地重复体力劳动而已。

所以，她家人都觉得她很努力。但实际上，她只是看起来很努力罢了。

当老师的都知道，其实，在学校里，真正努力的孩子，成绩都不会太差。

很多孩子只是看起来很努力，他们有的是没有学习的动力，只是想让别人觉得自己很努力；有的是找不到好的学习方法，只能使用蛮力，但效果并不好。

（3）

我记得我上学的时候，班上有个非常刻苦的学生。

他每天第一个到班里，最后一个回宿舍，书本都被他翻烂了。除了常规的作业之外，他还要做很多试题。

即便这样，他的成绩依然在中等徘徊。

在一次重要的考试中，他因成绩仍然不见起色而哭了起来。老师也很奇怪，于是，刻意关注了他一个多星期，这才找到根源所在。

他确实很努力，但实际上，为了求快，他常常不听老师讲课，而在下面偷偷赶作业；他做过很多试题，也总是在一些固定的题型上出错，但他却从不反省；他喜欢哪个科目，就只做哪个科目的试题，常常把不喜欢的科目抛在脑后……

经过老师的点拨，他开始调整自己的学习方法：第一，调整作息时间，不再打疲劳战；第二，上课认真听讲，不偷偷赶作业；第三，准备错题库，将常错的题型整理到上面，经常拿出来看一看；第四，加强体育锻炼，不能让身体弱下来；第五，找到自己的弱项，及时查漏补缺。

经过两个月的努力，他的成绩稳中有升，最后终于名列前茅。

之前，他不是不努力，只是没有掌握适合自己的学习方法。

（4）

卖什么吆喝什么干什么，得像什么。学东西的时候，不仅要死记硬背，还要充分理解，最关键的是找到最适合自己的学习方法；创业的时候，必须找到好项目，根据自己的实际情况，找到适合自己的路子。

适合别人的，未必适合你，别人用起来好用的，你未必就用得舒服。所以，必须既要了解别人，又要了解自己。

我们经常说"谋事在人，成事在天""尽人事，听天命"，但不管是"谋事"也好，"尽人事"也罢，都要使用巧劲儿，而不是外表看起来很努力，内心却很散漫。

一个人也要像一支队伍。你要充分调动起你的眼口手心，充分发挥你的潜能，而不是敷衍了事。在努力之前，还要看准方向，不要不分昼夜地辛苦赶路，最后却发现方向是错的，不要千方百计地获得了某样东西，最后却发现，它根本就不是你喜欢的。

努力，要有目标，要有计划，更要有方法，否则，抱歉，你只是看起来很努力，只是在做无用功。

7. 加油，你是最胖的！

（1）

春节过后，小八妹开始立志减肥。她不吃晚饭，拒绝零食，也不再泡酒吧，而且每天变着花样做运动，今天跑步，明天游泳，后天动感单车，每次都累到筋疲力尽才肯罢休。

每次出门前，她都一副打了鸡血的样子，对着镜子里的自己说："加油，你是最胖的！"

同住的几个闺密看到后哄堂大笑，都说她是"用生命在搞笑"。她却一本正经："笑什么笑，我本来就是最胖的呀！否则，为什么要减肥？"

环顾四周，闺密们几乎都比她瘦。之前她根本不在乎："胖就胖呗，说明我吃得好。不胖对不起我之前吃下的美食。"

小八妹太爱吃了。哪个闺密的追求者给大家买来的好吃的大家都统统扔给她，因为大家嫌热量太高。为了讨好众姐妹，追求者动不动就央求小八妹找理由约大家出来吃饭，小八妹借此机会又能大吃一顿。

毕业两年多，她胖了四十斤，再搭配上一米五八的身高，肯定好看不到哪去。

春节回家，她胖得连老爸老妈都无法容忍了："闺女，咱再这么胖下去，就嫁不出去了。"

本来说要让她去相亲，因为她太胖，父母也不让她去了。在家的几天，父母两个人像唐僧一样天天唠叨，让她尽快减肥，不让她吃这个，不让她吃那个，她实在受不了了，就提前找了个理由返京了。

能让自己爹妈都嫌弃的胖，到底是有多胖？

（2）

回来后，小八妹遭到重创，萎靡不振，吃什么都不香了。

回来的第十天，她收到了父亲的书法作品"管住嘴，迈开腿"，父亲嘱咐她贴在墙上用来激励自己减肥。

以前不会网上购物的母亲，竟然破天荒地在网上买了一套可移动穿衣镜寄给她，还不忘让店家在上面贴了个小字条，字条上写着励志的话：加油，你是最棒的！

险些被二老逼疯时，她一直暗恋的那个男生竟然因为失恋来找她喝酒倾诉。男生酒后坦言，她哪儿哪儿都像个男生，否则自己早就追她了。她觉得自己的春天来了，立志要减肥。

小八妹非常认真，上网查阅各种减肥小诀窍，还加入了一个"减肥励志"微信群，每天晚上不吃晚饭，吃饭不吃主食，将所有零食通通扔掉，每天暴走五公里，至少游泳一小时……

越来越有斗志的她，觉得母亲的留言很有问题："什么叫'你是最棒的'？明明不是好吗？"于是，她擅自将口号改为："加油！你是最胖的！"

她觉得只有这样，才能激励自己一路坚持下去。

一个月后，她减了三斤；三个月后，她减了八斤；半年后，她减了十五斤；一年后，她已经成功减至一百二十斤。

减肥成功后，不仅闺密对她刮目相看，就连她暗恋的男生也夸她越来越漂亮了。

小八妹说，自己以前像毛毛虫，现在变成了美丽的蝴蝶。

（3）

虽然减肥还在进行中，但是小八妹却有很多感慨："没有减过肥的人，永远不会知道当事人到底经历了多少。那简直是炼狱般的经历：要跟自己习以为常的生活方式说再见，要抵制住各种美食的诱惑，要忍住饥饿，要有恒心和毅力每天走完五公里，要敢于面对孤独和寂寞，要每天激励自己……经过了这些之后，你才会明白什么叫蜕变。"

但凡美好的东西，都不会唾手可得，需要你付出万分的辛苦和汗水。

之后，小八妹的生活方式越来越健康，不仅身材大变样，相貌气质也随身材的变化而有了微妙的变化，而且好运也悄然来到。

她暗恋的男生不再把她当成同类，因为他发现以前同声同气的"哥们儿"竟然是个美女。在刚刚过去的六一儿童节，他在摩天轮上勇敢地向她告白。

瘦下来的小八妹不仅变得越来越漂亮，而且收获了爱情。更让人意想不到的是，她获得了晋升的机会。原来，她之前因为太胖而总被忽视，等她瘦下来之后，机会自然就来了。

她已经习惯了每天一早站在镜子前，挥舞着拳头对自己说："加油，你是最胖的！"她的闺密们，这下真的把这句话当成了励志名言。

减肥的过程，何尝不是我们追逐梦想的过程。

（4）

减肥，绝不只是减肥那么简单。

它是一种决心，藏着一个人对美好生活的期许和让自己变得越来越好的愿望。它是你拼尽全力要实现的人生目标，就像你决意要完成的其他心愿一样：你发奋想要取得的成绩，你努力想保全的工作。但如果没有恒心，没有毅力，再宏伟的志向也都不过是空想。

我第一次听到小八妹这句减肥口号时，也觉得只是个调侃，甚至如果出自外人之口，简直恶意满满，但现在看来，真的不是。

那是告诉自己一个奋斗的理由，因为知道自己胖，才会坚持去锻炼，就像因为知道自己不好，才更应该去奋斗一样。

万事开头难，当你勇敢地迈出了第一步，就等于成功了一半。行为心理学研究表明：二十一天以上的重复会形成习惯，九十天以上的重复会形成稳定的习惯。也就是说，同一个动作坚持做二十一天，就会变成习惯性的动作。

当真正成功之后，你才会意识到，每次的咬牙坚持，都是为了以后的脱胎换骨。其实，我们有时真的不用别人喝彩，只需要自我激励即可：我值得更好！

不管是减肥还是工作，或者其他的事情，有时候，我们真的需要这种来自内心的鼓舞。只有认清现实，才能一步步迈向成功，达成心愿。

当你减肥成功时，你收获的不仅是自信，还有更多的机会；当你事业成功时，你收获的不仅是薪水，还有更多向上的渠道；当你变得越来越优秀，你会发现你身边优秀的人也会越来越多，你的人生也会越来越精彩。

　　只有认清自己，才能更好地改变，只有逼自己一把，你才知道你的潜力有多大，你的未来有多美好！

　　加油，你是最胖的！

所谓绝境，不过是逼你走正确的路

1. 即使生活低到尘埃里，梦想也要举得高高的

（1）

我认识一个由外地落户北京的姑娘，叫林。

林刚刚二十五岁，却活得像五十二岁。

林是个好学生，高考那年，她以高出一本线六十分的成绩考入了北京某重点大学，大学毕业后，她又以专业排名第二的成绩考上了本校的研究生。

父母都是面朝黄土背朝天的农民，劝她要追求稳定。大四那年，她开始努力准备北京的公务员考试，因为在父母的眼里，能留在北京，成为一名北京人，是最幸福的事儿，而且政府部门的工作也是"铁饭碗"。

作为曾经的高考状元，她自然很擅长考试，几乎场场必过。最后，她选择留在北京的郊区，做一名基层公务员。公务员虽然工资一般，但是，一来能解决北京户口，二来工作确实很稳定。父母得知消息后，激动得泪如雨下，家里几辈人都是

农民，没想到，从她这一代开始转运了，能到北京落户，还能进政府部门。

她听了父母的话，很是珍惜这份来之不易的工作，每天踏踏实实，勤勤恳恳。

挨骂了，忍着；无聊了，忍着；同事有人欺负她，忍着；男友劈腿，忍着……有一次，她因为一个小错误被领导骂了一顿，想愤而辞职，没想到跟父母诉苦时，却又被父母骂了个狗血淋头。有一次，同学给她介绍了一份好工作，年薪是现在的几倍，但父母却嫌那份工作不够稳定，骂她太贪心。

她每天的生活就是，下班回家后，买菜，做饭，睡觉，看电视，玩手机。

有一次我问她："你不是喜欢写作吗？为什么不在业余时间多写点文章？"她一脸淡然的样子："写什么写？我妈说了，所有人的生活都差不多。我现在也挺好啊，等过几年，提个副科，再过几年，就能提科长。然后结婚，生孩子，养孩子，女人不都是这样吗？慢慢熬呗。"

我无语，从她的现在一眼就看到了她的未来。

她本来可以很绚烂丰盛的一生，被所谓的"稳定"给毁了。

（2）

坤是个与众不同的人。

我在某报社做副刊编辑时，她曾是我的作者。她很勤奋，隔三岔五就会发篇稿子给我，请我提建议。

那时候，出于培养原创作者的考虑，我便经常会就她的稿件提出一些意见和建议，并勉励她一定要多看多写。

她的文字很有灵性，很快，她便成为副刊作者群里的活跃分子，常常有作品见报。

其实，她父母都是当地的副处级退休干部，膝下就她一个女儿，她的工作也很清闲，完全不必如此努力。安逸懒散，得过且过，这是小城市里大多数年轻人的生活状态，但她偏不。

在与她交往的过程中，我渐渐发现，她除了写作之外，还对其他领域多有涉猎。由于喜欢英语，长期听英语广播，她的口语非常流利，被某外语辅导学校聘为老师。每到周末，她就站上三尺讲台，给孩子们上英语课。

有一次，我在夜市上遇到了她，才发现，她还开了一家服装店，而且梦想着以后能经营自己的服装品牌。

如果你以为这就是她的全部，那么你就错了。除此之外，她还学钢琴，弹吉他，学绘画，练字，做主持人，甚至还走上话剧舞台，过了一把戏瘾，当上了莎士比亚戏剧社的社长。

这些事情，全部是她在业余时间完成的。

你完全想象不到，一个人竟能如此高效地利用自己的业余时间，一棵生命之树竟会开出五颜六色的花朵。

当我问她为什么会有这么多精力时，她说自己最喜欢的舞者杨丽萍曾说过："有些人的生命是为了传宗接代，有些是享受，有些是体验，有些是旁观。我是生命的旁观者，我来世上，就是看一棵树怎么生长，河水怎么流，白云怎么飘，甘露怎么凝结，花儿怎么开的。"

她说："我也是这么想的，人生短暂，我们就该活得丰富多彩。"

（3）

你可能会说："林是为生活所迫，所以才会追求稳定，如果我是坤，我也愿意那么折腾，因为毕竟有退路。"

真的不是这样，这跟家庭出身无关。

坤有个好朋友叫董哲，他们两家是世交，关系一直很好。

董哲的父母是做生意的，家境也很好。董哲从小就不好好学习，在学校经常跟同学打架，跟老师吵架。父母三天两头被叫到学校去，他们为此头疼不已。

听了亲戚的建议，父母送他到国外去读书，希望他能好好学习。

但是，在国外的几年时间里，他只学会了花天酒地。毕业回国后，他依旧延续了在国外的生活，白天以谈事情为由，在外面吃喝玩乐，晚上很晚才回家。父母帮他找好了工作，他也不去上班，无奈之下，父母只好让他进了自家公司，想着反正家里也不缺钱，就任他折腾吧。

董哲今年二十八岁了，就在父母的企业里混日子，反正口袋里有的是钱，根本无须努力。

他不过是躺在父母给他铺就的温床上消耗、浪费大好的青春年华。既然不曾为梦想奋斗过，何谈丰富的人生呢？

（4）

我见过很多人，从他们的现在就可以看完他们的一生。

他们就像是蚁群，没有思想，没有动力，读书时浑浑噩噩，工作后吊儿郎当，最后成为社会大机器上的一颗螺丝钉，被安在了固定的位置，不再对生活有半点非分之想。他们的生活就是一潭死水，不能泛起一丝波澜。

但当你垂垂老去，到了迟暮之年，你如何跟别人说起自己的一生呢？你有着碌碌无为的一生，还是努力奋斗的一生？你是勤奋的蜜蜂，还是家庭和社会的蛀虫？

总有一天，我们会被推到人生的审判席上，接受命运的拷问：这一生，你是如何走过来的？

亲爱的，这是我们仅有一次的生命，为何不让它轰轰烈烈一点儿呢？我们无法把握生命的长度，但我们可以改变它的宽度和深度。

生命很短，让自己活得丰富多彩，是你义不容辞的责任。

2. 人生没有白走的路，每一步都算数

　　小雨貌美如花，才高气傲，曾是学校的风云人物。毕业后，由于不想回家乡小镇，她便去南方某城市闯荡。凭着过硬的专业能力，她过五关斩六将，进入了某国企。

　　很快她发现，除了一纸文凭和那张引以为豪的脸蛋，她并无其他优势。没有人脉，没有经验，所以，她只能从一名小小的业务员开始做起，而且试用期是三个月。三个月完成不了任务，她依旧要卷铺盖走人。

　　看着新来的本地同事可以舒舒服服地坐在办公室里吹空调，还不用被考核指标所束缚，而自己却要风里来雨里去，低三下四地去求客户，她觉得很委屈。

　　但倔强的她并没有放弃，而是在陌生的城市开启了奋斗之旅。她列出了三个月的工作计划，白天按照城区地图一家一家地跑企业，晚上在家突击专业知识，没有周末，更没有节假日。三个月考核期满后，她的业绩恰巧过了合格线。

排名在她前面的那些同事，表现得趾高气扬，而被她甩在身后的好几十个人，则被残酷地淘汰出局。她被正式聘用了，虽然只是个小小的业务员，但她成功留在了自己喜欢的城市。

刚开始的日子虽然很苦，但她却以此为乐。白天，她要拜访很多个陌生客户，晚上回到家，还要认真分析和筛选潜在客户，为他们量身定制合适的产品。虽然明知道自己的努力十有八九不会有结果，但她还是认真地去做。

当然也有沮丧的时候，比如因为长相甜美，少不了会有客户要求她去陪酒。刚开始时，她都是直接拒绝，结果很多单子都黄了。再比如，业绩不达标，工资被扣了很多，总是入不敷出。

命运是公平的，所有的努力都不会白费。两年后，领导看到了她的优异表现，直接将她调到了总部。五年后，她以业务部经理的身份，重新回到了分部。十年后，她升为副总。十五年后，她成为分公司的老总。在那个城市，她是个异乡人，一没有亲人，二没有朋友，三不靠姿色，赤手空拳，为自己打下了一片江山。

我的朋友乔叶生性乐观，但她之前有过一段不愉快的婚姻。

刚结婚时，丈夫对她宠爱有加，生活浪漫幸福。但好景不长，丈夫很快就露出了狰狞的一面，多疑、自私、冷漠，还不时对她拳打脚踢。

对她来说，每晚回家就像是一场噩梦。她无数次想离婚了事，但每每看到年幼的儿子，就感到难以割舍，这也使得她丈夫变本加厉。

如今，在离婚三年之后，她遇到了自己的"真命天子"，过上了幸福的生活。今年，儿子顺利考入大学。她高兴地带着儿子奔赴西藏，开始了旅行。

有人说："再长的隧道也终有尽头。"雨和乔叶以及很多人的故事告诉我们，的确如此。

每个人都难免穿过几个隧道，有生活的，有工作的，有爱情的，有学业的。在隧道里独自奔跑的日子，是孤独的、压抑的、痛苦的、绝望的。但再长的隧道也终有尽头，再长的雨季也会结束。当你觉得山穷水尽时，请告诉自己，前方一定有属于你的柳暗花明，只是时间问题而已。

3. 无论生活多无奈，真正的强者也从不抱怨

（1）

昨晚，一个朋友跟我倒了一晚上的苦水，大意是抱怨老公挣得不多，不懂浪漫。

我记得她之前最看重的，恰恰就是老公的踏实厚道。

遇到现任老公时，她还陷在前一段感情里无法自拔。

前男友是个忙着打拼事业的小老板，对她百依百顺。两人相恋多年，感情稳定，至少在她看来，前男友此生一定会非自己不娶。

他没有多少时间陪她，便在物质上最大限度地满足她。也不知道是因为虚荣还是矫情，她一边抱怨前男友太忙，号称自己绝对不是拜金女，一边刷着前男友的信用卡，买名牌包包和衣服，到处旅游。

她的抱怨，终于让前男友不堪重负，有了二心。当前男友

坦白受不了她的抱怨，且已经另有新欢时，她用尽了一哭二闹三上吊的伎俩，但最终也没有挽回他的心。

当时她刚好认识了她的现任老公。已经年过三十的她，看中了他的老实憨厚，就好像瞌睡的人正好遇到了一个枕头一样。为了向前男友宣示自己的魅力，她很快就结了婚，并且对外宣称，选老公，就得选"踏实牌"。

结果，没多久，她就故态复萌，开始不断抱怨起来，跟我说："当初真是瞎了眼，那么多男人，为什么我偏偏选了他？"

有人总是擅长抱怨他人，却从未真正反省过自己。如果她用同样的标准来衡量比照，就该知道，最该被责备的人是自己。

（2）

刚毕业时，我曾经在一个公司待过一年多。

我的主管是宝姐，看起来很好相处，也很喜欢跟新人说一些"掏心窝子的话"，比如她已经在公司待了好多年，一直怀才不遇；公司对员工很苛刻，任人唯亲；某某红人很受重用，一定和领导有亲戚关系……

她的话让我觉得待在这家公司没有什么前途，让我有想跳槽的冲动，平时工作也总是提不起精神，总是想着如何尽快离开这里。

后来，由于参加一个项目，我跟宝姐嘴里的"某某红人"

第三章 所谓绝境，不过是逼你走正确的路

一起到外地出差。经过几天的接触，我发现"某某红人"真的不是浪得虚名，她不仅办事效率很高，而且做事非常认真，还很会替新人考虑，并不是高傲得不可接近。

看到我写的方案还算过得去，她笑问我想不想换个部门。

后来我才知道，宝姐是单位的"抱怨王"，领导深知她的为人，但由于是亲戚关系，一直没有撤她的职。

她眼高手低，遇事爱推诿，从来不会主动思考自己在企业中的定位，也从没有从自身找过原因，总是在挑剔别人。

后来，我到北京来发展，听说她终于被解聘了。因为公司的新员工总是在她的蛊惑下纷纷离职，领导不得不痛下决心，让她离开。

太多人想要改变这个世界，但却罕有人想改变自己。殊不知，改变世界很难，但改变自己却很简单。

（3）

我曾有过一个合作伙伴，他也是满满的负能量。

其实，他非常有才华，能言善道，而且很会写文章，奈何人缘太差，前程一片黯淡。

我曾惊艳于他在工作中的出色表现，奇怪他为何生活得一团糟，一直想要帮他。

跟他聊过几次天之后，我终于知道他为什么迟迟未能出人头地的原因了。

他愤世嫉俗、悲观厌世，听了他的话，你会觉得世界上到处都是坏人。那慷慨激昂的架势，就好像全世界都做过对不起他的事，全地球就他一个好人，其他人全是势利小人一样。

除了在工作中爱抱怨，生活中的他也是性情暴虐，自私自利。在家里，他经常跟父母顶嘴、吵架，还对妻子使用过暴力，以至于妻子忍受不了，跟他离了婚。

有一次，他的同事无意间跟我聊起他，说他在单位里人缘奇差，但又总觉得自己才华横溢，该被提拔。他表面清高，但背地里却总想办法巴结领导，以求升职，但每次都因为毫无群众基础而惨遭淘汰。

如今的他在单位独来独往，在外面更是满腹牢骚。可怜他已经年过半百，工作和生活都是一团糟，却毫不自省。

抱怨得久了，就会形成一种极具负能量的思维模式，并不断从生活里蔓延到工作中，再从工作中蔓延到生活里，形成恶性循环。

请停止你的抱怨吧。

（4）

生活中有很多不如意的地方，有很多艰难困苦、钩心斗角、鸡零狗碎、恩怨情仇，那么，我们为什么还要活着呢？

因为生命只有一次，因为生活中还有更多的美好，能让我们神清气爽，让我们值得为之努力。

生离死别等经历能让我们更加珍惜生活，但不一定非要有过这些极端的经历，才知道生命可贵，才能练就平和的心态。

你一边抱怨领导不肯给你机会，一边却浪费大把的时间玩手机；你羡慕别人名利双收，却没看到他们付出了多少心血；你嫉妒别人有背景，却没看到他们咬牙坚持的样子；你抱怨自己的起点低，却没注意很多起点同样很低的人仍旧在拼命奔跑。

发牢骚不是不可以，每个人都会有一些负面情绪需要宣泄。但是如果把抱怨当成家常便饭，陷于负面情绪中就是你的不对了。

自省是我们对抗负面情绪的利器。只有时时自省，你才能学会换位思考，才不会把责任都推给对方，才能发现自己的弱点，才能做出更理智的决定。只有这样，你才能彻底扭转事态，更快接近你的梦想

改变别人很难，但改变自己却很容易，与其怨天尤人，不如先改变自己。

未来的路还有很长，别让你的抱怨毁了你。

4. 不是因为你不配，而是你值得拥有更好的

（1）

阳阳跳槽了，从政府部门跳到了一家外企。

这个消息在好友中间传开之后，不少人说她"作"。她所在的单位虽然是闲差，但不知有多少人挤破头想进来，她却偏偏要辞职。

大家不知道的是，阳阳一直觉得这份工作就是"鸡肋"——食之无味，弃之可惜。

阳阳是某外语学校的高才生，本想留在大城市，但架不住父母的软磨硬泡，回到了家乡小城，通过公务员考试顺利地进了这家处级单位。

父母的想法很简单：政府部门的工作很稳定；女孩子家不用太累，不用辛苦拼事业；等过几年，找个经济条件好的男人嫁了，以后就只剩下生儿育女这些事了。

　　由于单位在城郊，阳阳每天要在路上花费一个小时的时间。工作虽然很清闲，但每个月拿到手的工资，连当地一平方米的房子都买不起。

　　她不敢逛街，不敢美容，也买不起车子和房子，天天还得节衣缩食，为房子的首付攒钱。每天看着微信朋友圈里好朋友们分享的美食美景，她都只能暗暗咽口水。

　　如果不是父亲突然出事，她可能会一直待在原来那个单位。

　　有一天，父亲爬上房顶晒粮食时突然摔了下来，为了给父亲看病，她拿出了家里所有的积蓄，最后甚至连医药费都负担不起了。

　　在医院的缴费窗口，她痛哭流涕，下定决心要赚很多钱。回到病房后，她跪求父亲，不要再拦着自己出去闯荡。

　　对一个人来说，钱不仅能满足衣食住行之需，更能证明自己的价值。

　　得到父母的首肯后，阳阳开始投递简历，到处面试。

　　等到父亲出院时，她终于被位于省会城市的一家外企录用，薪水是之前的三倍，于是，她低调地辞了职。

　　这些年，阳阳终于靠自己的专业能力过上了想要的生活：攒钱买了辆小汽车，每个周末都开车回家看望父母；按揭买了一套小户型的房子，让自己的梦想暂时有了栖息地。

　　这在以前，根本无法想象。

她要的不仅仅是钱，而是想要那种配得上自己的生活。

（2）

阿甘是我多年前的同事。

阿甘毕业于某名牌大学，才华横溢，能力超群。毕业后，他带着一个由大学同学组成的创业团队，来到了我当时的单位，一家正在尝试企业化运作的事业单位。

他每天风风火火，踌躇满志，一副干大事的架势。领导对他也很重视，破格提升他为部门经理，要求下属部门都听他指挥。

但这毕竟是个小单位，且在郊区，给他发挥的空间太小了。

虽然老总给各部门下了命令，让大家积极配合他，但他却处处碰壁：因为小城人眼光有限，格局不够，难免不理解、不配合他的工作，导致进展缓慢；后来，领导也开始质疑他的能力，他和他的团队收入也不断变少。一系列问题让他如鲠在喉，对未来非常迷茫。

由于我跟他业务接触颇多，也爱惜他的才华，便不时对他进行一些有益的提醒，而他也喜欢跟我聊工作中的烦闷。有一次，由于工作上受到重挫，他苦闷至极，叫上几个好友，约了我一起吃饭。

酒至微醺，几个年轻人谈及最初的梦想，阿甘有些郁郁寡欢，说出了自己的纠结：一方面，想要离职，但又担心会辜负了领导的知遇之恩，另一方面，又担心自己的远大理想会葬送在这个地方。

我走过太多地方，也见惯了人世沉浮，知道以他们的才华和闯劲儿，如果能到大城市和大公司去，必然前途无量。所以，我力劝他："'树挪死人挪活'，你们的才华都配得上更好的生活。"

几天之后，阿甘就递交了辞职报告，离开了我所在的城市，投奔到大城市的滚滚人潮中。

如今，他进入了腾讯总部，事业做得有声有色，他的小伙伴们，有的远走异国，有的自主创业，都各有精彩。

如果我们不试图从原来的圈子里跳出来，根本不可能看到更广阔的世界，也找不到最适合自己的位置。

（3）

每每遇到一些被现实所困的年轻朋友，我就会鼓励他们：不要害怕失败，去过配得上你的人生。

什么才是配得上你的人生？

那就是，你的所得与你的学识、能力和努力程度成正比，也就是说，你的学识越丰富，能力越强，付出的汗水越多，你应该得到的物质报酬和实现自我价值的机会就越多。反之，如果你学识丰富，能力很强，却处处受限，无法施展，或者你明明付出了很多，却得不到回报，或者你明明可以出去闯荡，大有作为，却贪图安逸，窝在一个小公司，那么，请鼓足勇气，大胆地走出去，不要被世俗的枷锁所禁锢，去争取配得上你的人生。

年轻的时候，千万不要为了安逸的生活、无谓的面子、父母的命令，而忘记了自己内心的梦想。

5. 所谓人生开挂，不过是厚积薄发

几年前，朋友乔待字闺中，十分渴望将自己嫁出去。虽然相亲无数，但总是挑三拣四，一直也没有找到合适的人。

每到聚会时，我总忍不住问她："到底想要什么样的？我们帮你介绍好了。"她掰着手指头："要有钱，有房，有颜值，有才华……"

我没好气地打量她："也不看看你自己什么德行。"

乔笑得没心没肺："开玩笑呢，那是我的野心。虽然我的相貌配不上我的野心，但我天生幸运，你等着瞧吧。"

当时她已年近三十，性格开朗，身材矮胖，长相一般，在一家单位混日子，唯一的"特长"就是吃。如果她混进人堆儿里，你肯定找不出来，即使见过十次，你可能也记不住她的样子。

由于要求太高，又恨嫁心切，乔一直情路坎坷。也有过一些不切实际的暗恋，但是那些暗恋对象在吃了她的爱心盒饭，

收了她在情人节或者特殊日子发的红包后，就再无音讯了。我们一边恨铁不成钢，一边帮她到处踅摸人，但一直未果。

后来，反倒是她自己看开了，还不时劝我们："单身有单身的理由。有的人单身，是因为觉得一个人过挺自在；有的人单身，是要坚持自己的爱情信仰；有的人单身，是因为太过挑剔、眼高于顶。不管怎样，只要活得开心自在就好。你们看看我，不是活得挺开心的吗？"

兜兜转转好几年，2016年光棍节的时候，突然传来一个消息：她"脱单"了。

结婚那天，我们前去贺喜。原本以为是一桩将就的婚姻，没想到，却意外发现新郎英俊潇洒、玉树临风。她笑得阳光灿烂，像是捡了一个大便宜似的。我们偷偷把乔拉过来，调侃道："你行啊，梦想成真啦。"乔依旧笑得没心没肺："他还算符合我的要求吧，颜值还行。他内向，我外向，他颜值高，我性格好，他爱吃，我会做，多互补啊。那就一路吃到老，爱到老吧。"

原来，乔深知自己不是美女也不是"款姐"，便偷偷报了厨师班，夏练三伏，冬练三九，把别人在健身房流的汗、在商场里花的钱全部投进了厨房，悄然习得一手好厨艺。找不到恋人，每天为自己做好吃的也不错。

很快，她就开始利用业余时间到处参加厨艺比赛，参加电视台的节目录制，结果，还拿了不少奖品，聚集了不少人气。能吃到她亲手做的饭菜，竟成了很多男生的梦想。

就在她痴迷于钻研厨艺，不再为结婚这件事而纠结时，她的白马王子出现了。乔说："我们都很喜欢美食，经常在同一家饭店遇见，吃着吃着就吃到一张桌子上了。"后来乔才知道，对方是因为对她仰慕已久，所以才故意安排了种种偶遇。看不出来，他人虽然内向，但追起爱来，却大胆果决，丝毫不羞涩。

我这转念一想：也对，吃本来就是一件很重要的事情。一天三顿，每天都不能少，年年月月如此。能吃到一起，也还真是缘分。据说，他俩结婚以来，幸福甜蜜，如胶似漆，现在正准备要孩子。

乔总结得很对："年轻的时候，抱着幻想过日子是对的，人总要有点理想，但慢慢地，就该认清自己了。如果对方是白马王子，凭什么会看到你？凭什么会记住你？凭什么会爱上你？又凭借什么会娶你？而如果对方是公主，你又如何让她看到你？如何攻城略地，讨得国王和王后的欢心？"

我的朋友青青特别喜欢一个明星。暑假的时候，刚好有个编剧朋友在横店工作，力邀我过去，我就怂恿青青跟我一起去看那个明星，但青青却很淡定："我才不去呢。我现在去了，他也不会记得我，只会当我是个小粉丝罢了。与其那样，还不如不去呢。"我深以为然。

过尽千帆的乔像个哲学家一样感慨道："只要你优秀起来，一切都会为你让路。但想要优秀起来，谈何容易。如果受不了上刀山下火海的苦，那就踏踏实实做一个普通人，这也没什么不好的。我只是足够幸运而已。"

其实，乔的幸运也不是上天给的，而是靠自己努力挣来的。

不可否认，有些人就是出身好，家境好，相貌好，身材好，但有几个人能有这种幸运呢？我们都是普通人，都要靠后天的努力来弥补很多缺憾，比如家境贫寒，长相一般，个头太矮，不够自信，等等。没必要刻意去取悦谁，只要你自己变得出色，就能吸引到优秀的另一半。如果你怨天尤人、消极颓废、自私懒惰，那么，凭什么让别人爱你呢？

幸运之神一向垂青努力奔跑的人。请记住，当你潜心学习一项技能而忘记了光阴时，幸运已经离你不远了。

6. 没有绝对的公平，只有绝对的努力

（1）

小严最近竞聘部门经理失败了，非常沮丧。

谁都知道，他为竞聘付出了很多。

竞聘的条件，他都一一达标：本来业绩平平的他，开始频繁地拜访客户；本来不太懂管理的他，开始积极准备发言材料；从小身体素质不好的他，开始每天跑步五公里……

竞聘前一个月，他就完成了任务指标，而且早早就把各种材料都交齐了。

没想到，还是失败了。

我问他："是不是有竞争对手？"他说："是，而且是个劲敌。"对方不仅业绩好，而且情商高，能力强，背景深厚，最关键的是，她非常勤奋，能为公司带来不少业绩。

我笑说："这就是了，你那么努力，为什么还是没有成

功？因为比你优秀的人也在努力。所以，这也是相对的公平，反过来会促使你更加努力！"

世间没有绝对的公平。你努力了，未必会成功，但要想成功，必须得很努力。除了努力，成功还需要很多条件，比如机遇、方法、人脉等等。

有时候，成功与否就是个概率问题，不能让它绑架了我们的快乐和自信。

（2）

有段时间，大家在网络上热烈讨论我国的高考制度，都觉得高考制度不公平，因为各地区之间的录取分数线差别太大。

但不可否认的是，正是高考制度，重塑了包括我在内的无数小城子弟的人生。

高考像是一场洗礼，既塑造了我们的品质，也彻底改变了我们的人生轨迹。

如果没有经历过炼狱般的高三，我们就不会有如今的毅力和意志，如果不是因为高考，我们不会有机会走更远的路，看到更精彩的世界。如今回头去看，觉得那不仅是一场考试，更是我们燃烧的青春。

参加高考，痛苦一年；不参加高考，遗憾一生。

我们正是通过高考，进入了大学，而后又走上各自不同的人生岗位，承担起不同的社会责任。

大学是什么？是重塑我们的精神世界的地方，是把我们的思想打碎了重组的过程。

在大学期间，有人放任自流，整天旷课，甚至沉迷于网络游戏，也有人重新启程，努力学习，积极融入更广阔的社会。前者成了很多人嘴里说的"上过大学依旧找不到工作的人"，而后者则脱胎换骨，为自己的人生打下了坚实的基础。

大学是一个中转站，毕业之后会怎么样，全看你这四年是怎么过的。在大学期间不仅仅要学习文化知识，更要开阔眼界，锻炼能力，为再一次的出发积蓄力量。

无论高考多么残酷，被多少人诟病，你必须得承认，它是目前最公平的考试制度，也曾是当年的我们和一代又一代的普通年轻人无限接近梦想的通道。

（3）

正因为世界上没有绝对的公平，我们才需要持续不断地努力，以实现自己的梦想。

一次不行，两次；一年不行，两年；两年不行，五年。只要你认准了梦想，就持之以恒地坚持下去。总有一天，你用汗水浇灌的梦想之树，会开花结果。

遭受不公平的对待之后，你会怎么办？比如，有人在应聘时托了关系，或者你的竞选资格被别人挤掉了，或者你的客户被别人撬走了，你会怎样？

怨天尤人？心态失衡？痛不欲生？郁郁寡欢？生不如死？

我告诉你，这些负面情绪只能拉低你的智商，耽误你的时间，破坏你的心情，恶化你的健康。除此之外，一点好处也没有。

也有的人说："我们要勇于跟不良风气做斗争，我要投诉举报，我要将他们打一顿，我要发泄报复。"

或许，你真的可以矫正一些不良做派，但你不可能消灭世间所有的不公。而且，这些不理智的做法，最终消耗的都只是你自己。

要学会调整心态，放下它，往前看，只有这样，你才能为自己争取更多的机会。

终其一生，我需要学会的就是如何充满激情而又理智地生活。

不管做什么事情，第一，要尽最大的努力，做最坏的打算；第二，即使遇到坏的结果，也不要气馁，要斗志昂扬，储备知识，集聚能量，等待良机。

没有起伏的山脉，就称不上雄伟，没有挫折的人生，也注定不会精彩。不经历寒冬，怎会知暖春的可贵？不曾身处绝境，安知重生时的惊喜？

你要相信，任何努力都不会白费，任何汗水都不会白流。命运给你挫折，是为了激励你，给你坎坷，是为了成就你。这都是命运的恩赐，唯有智慧之人才能领受。这个世界很精彩，值得我们每个人为之奋斗一生。

为了梦想而努力拼搏的你，才是最帅最美的！

7. 命运是个欺软怕硬的东西

（1）

有个年轻人，三岁那年被大火严重烧伤，身上几乎没有一块完好的皮肤，几次都濒临死亡的边缘。

是母亲的不抛弃不放弃，让他一次次逃脱了死神的魔爪。

从此，他顶着丑陋的面孔，拖着残缺的躯体，在母亲的鼓励下，开始克服身体和心理上的障碍，和命运死磕。

上学期间，他非常刻苦，学习成绩从来没有跌出前三名。后来，他考上了大学，成为村子里第一个大学生，再后来，他考上了北京师范大学教育管理系的研究生。毕业后，他又考取了和君商学院，开始自主创业。多年后，他成了青年励志偶像，常常跟随传统文化励志团，到全国各地巡回演讲。

他叫蔡振国，家住山东肥城市安临站镇冯杭村，曾是媒体人镜头中的"木炭男孩"。命运给了他最恶毒的诅咒，但他却用自己的努力成功破解了这一诅咒。现在，他家庭美满，事业兴旺。

（2）

还有个女孩，从小在炎热的拉斯维加斯的沙漠中长大，一直希望有一天能在下雪的地方生活。

十九岁那年，她终于搬到了有雪的地方。但一场病毒性脑膜炎却悄然袭来，她相继失去了脾脏、肾脏，丧失了左耳的听力，两腿膝盖以下被截肢。

但她没有自怨自艾，经过和医生探讨之后，她开始为自己寻找合适的"脚"。接下来的一年中，她不断研究假肢的设计，甚至亲自动手，用螺栓、橡胶、木头和亮粉色胶带，做出了舒适且能变换指甲油颜色的假肢。在二十一岁生日那天，她终于做出了一双能滑雪的"脚"。

她叫Amy。2005年，她参与投资了一个专为青年残疾人服务的非营利组织，让他们能参与到极限运动中来。2012年到2014年，她连续三次夺得世界滑雪锦标赛金牌，这使她成为世界上滑雪赛排名最高的残疾人女选手。

在2016年里约残奥会的开幕式上，她站在刀锋上翩翩起舞，用非凡的舞姿，惊艳了全世界，感动了无数人。

（3）

他们都是不肯听天由命的人，用不懈的努力，最终赢得了命运的尊重和爱戴。

在短短几十年的人生旅途中，命运会故意让你难堪。它会不断地挑衅你，用各种匪夷所思的方式挑战你的承受极限。

它给你残缺的身体，给你不完美的样貌，给你灾难和挫折，让你生病，让你遭遇意外，让你失业，让你家庭破裂，它的招数层出不穷，总有一种能让你痛不欲生。

无疑，它是成功的。千百年来，它对每个人都巧取豪夺，百般折磨。有人逆来顺受，有人郁郁一生，有人自甘堕落，有人自寻短见，它无数次出手，也无数次得手。

它想让所有人都听它的，它想成为尘世间唯一的主宰。但，千万别着了它的道。

实际上，它很势利，它欺软怕硬。面对那些内心强大且不肯服输的人，会谦卑地低下头来，俯首称臣。

请记住，强者为王。真正的主动权一直掌握在我们自己手中，找到生命的支点，你就能一点点撬动它。迟早有一天，它会拿你没辙，会对你五体投地，将你想要的拱手相送。

8. 你对待工作的态度，藏着你的未来

（1）

到了年底，公司按照惯例，开始筹备年会。

由于我手头工作很多，没有时间撰写活动方案，另一个部门的经理就把这项任务揽过去了，他吩咐自己的属下小白先初拟一个方案，然后再由我修改完善。

小白生性开朗，来公司不久，就跟各部门的人混熟了，一帮年轻人还经常约着一起去健身。

我本以为新员工会非常重视这样一个表现的机会，尽心尽力去完成这项任务，但我错了。

一个星期之后，当我从一个项目中抽出身来，看到小白发来的方案草稿时，我呆住了。

一是因为她发到我邮箱后，根本就没有跟我交代一声，我看到的时候已经过去好几天了；二是因为那个报告，一看就是

从网上随便摘抄的，而且有些具体的名称都没有改过来，还错字连篇，简直惨不忍睹。

我忍不住问她："你不是学中文的吗？"

她若无其事地摆摆手："快别说中文了，我也是赶鸭子上架，我最怕的就是写东西，这个还是熬夜弄出来的。"

我一时无语，只能硬着头皮推倒重来。

午饭过后，我去洗手间，却听到她在洗手间跟人打电话发牢骚："那个东西谁不会写啊？我就是懒得写。她明显就是推卸责任嘛！反正她最后也要把关审核。有责任她就得担着，跟我一点关系也没有。"

听到她这番话，我身边的一个同事脸都绿了。

小白并不知道，她的部门经理也一字不落地听到了。

当然，她的下场不怎么好。

对自己的工作丝毫没有"虔诚力"，怎么可能会做好？

（2）

若干年前，我结识了一个最具"虔诚力"的人，他叫阿俊。

阿俊是南方人，心细如发，思维缜密，大学毕业后就跟女友一起来了北京。由于毕业院校不是特别出名，拿不到进京的指标，他只能选择到政府部门做了一名政务服务志愿者。

当时，只需要做一年的政务服务志愿者，就有可能被分配到政府机关的一些部门。做政务服务志愿者期间，阿俊被分到了打字室，负责打字。

在一般人看来，打字多简单啊，无非就是将手写稿变成打印稿而已。

很多人打字都是完全照录，丝毫不在意是否有错别字，但阿俊却不是这样，他不仅能确保不出现错别字，而且能从领导的讲话稿和各类政务材料里挑出有毛病的语句来。他提出的修改意见都特别对路，而且立场和角度比领导还要好。

一来二去，办公室主任注意到了他，开始暗暗观察这个貌不惊人的小伙子，这才发现他平时善于研究政务材料。别的打字员业余时间忙着打网络游戏，忙着跟朋友聚会，忙着到北京的各个景点去玩儿，只有他踏踏实实地待在单位认真学习。凡是节假日需要有人值班，他就会替别人值班，待在办公室里认真琢磨各类材料。

他的想法很简单："没有人可以依赖，只能靠自己。与其羡慕别人，不如踏实学点东西、做点事情，别给自己留遗憾。这个机会来之不易，我要好好珍惜，对得起这份工作。"

一年的志愿者工作结束后，阿俊成为唯一一个留下来的外地大学生。办公室主任为他开通了人才绿色通道，为他申请了进京指标。按当时的惯例，这是根本不可能的事情。

如今，阿俊已经是某单位的副处级干部，且前途无量。

（3）

吕是我的同学，高中一毕业就进了一家大公司，因为他的父亲跟这家公司的老总关系很好，所以他索性不考大学，直接就来上班了。

吕情商高，爱交际，会做人，到了公司后，很快就跟各部门的人打得火热。

每次到单位，他从不空手，早上帮大家带早餐，中午帮大家带零食，大家都很喜欢他。逢年过节，他从来不忘给各级领导送祝福，每隔一段时间，就请自己部门的人吃饭。他颇善察言观色，跟所有人关系都很好。

但是，他从来不把主要精力放在工作上，对于本职工作从不上心，不是拈轻怕重，就是推卸责任，始终认为"混好关系才是最重要的"。刚开始，大家都不介意，觉得无非帮他多干点活。但时间久了，就难免会在工作上有一些牵扯。渐渐地，大家都对吕的工作态度和工作能力颇有微词，虽然表面上仍一团和气，但内心里却非常不愿意跟他一起共事。

后来，机构改革，部门重组，几个部门竟然都不想收留吕，这大大出乎了吕的预料。看到吕被所有部门排斥，老总很为难，就特意找了销售部的经理，希望他收下吕，因为老总觉得吕应该擅长跑市场、拉客户，没准在销售上会是一把好手。销售经理勉强答应了，但要求用业绩指标来考核他。

三个月之后，吕还是没通过考核。

他只是善于经营跟同事和领导的关系，却不会处理跟客户之间的合作关系。在业绩指标的压力下，他急切地想拿到订单，不停骚扰客户，结果被客户投诉，销售经理火冒三丈，直接带着他去找老总。

在老总的劝说下，吕只好主动辞了职，顾全了他在公司的脸面。

如果对工作没有"虔诚力"，不重视自己的本职工作，再高的情商也没用，因为企业从来不养闲人，没有哪个公司会收留一个游手好闲，对公司发展毫无用处的人。

（4）

什么是"虔诚力"？虔诚是指恭敬而有诚意，大多与宗教信仰有关，而"虔诚力"，指的是能把类似于宗教信仰的笃定和毅力用到你的工作中。对待你的工作，要恭敬诚恳，专注认真，而非敷衍了事、推诿拖拉。有了这种"虔诚力"，你才会全力以赴。

现在的年轻人，缺少的便是这种"虔诚力"。

大家都信奉"情商比智商重要"，因此，不少年轻人开始走歪道，开始将精力放在如何钻营，如何搞好人际关系上，而不专注于本职工作，在本职工作上做出成就。

在职场上，做好本职工作才是安身立命之道，如果连本职工作都做不好，则一切免谈，你再怎么经营人际关系，也毫无用处。

与其花费时间去找关系、托人情，不如沉淀下来，对本职工作多一份虔诚之心，让自己变得举足轻重，这样才能经营好你的人生。

第四章

努力可以改变当下，格局才能决定未来

所谓绝境，不过是逼你走正确的路

1. 成功的秘密，就是每天淘汰自己

（1）

再次出现在我面前的侄女琪琪，举止大方，彬彬有礼，让我眼前一亮。我不由得感叹，见过世面的孩子就是不一样。

琪琪曾是个性格叛逆的姑娘，因为出身优渥，又是家中的独女，所以从小就很受宠，被大家含在嘴里捧在手心，俨然是个小公主。

但她一路走来，却是暴风骤雨不断。

她小时候虽然调皮倔强，倒还听话，但到了青春期，种种叛逆行为却让父母头疼不已：不爱学习，早恋，跟老师顶嘴，跟同学不和，总是带头闹事，不停地换学校……

她的母亲每每跟我说起这些，都心有余悸，说不知道这些年自己是怎么过来的。

看到琪琪在所有的学校都待不久，父母就开始为她另寻出

路。一次偶然的机会，在朋友的建议下，他们想到了让琪琪出国。琪琪初中还没毕业，就被送到了加拿大读书。

在国内一直跟家人拧着来的琪琪，到了国外反而变得非常懂事。独自一个人在国外生活，不得不自立自强，她不但学会了照顾自己，也开始对过去的自己进行反思。

她在微信朋友圈写道：如果你见过曾经的我，一定会原谅现在的我。

父母看到这句话之后，悬着的心也终于放下了。世上没有坏孩子，琪琪只是不适应国内的教育环境而已。

这些年，琪琪不仅顺利完成了学业，也完成了个人的成长。办理签证，购买往返机票，跟房东签合同，出去旅行，甚至买车买房等等，她一个人就能完全处理好。

想起过去的种种，琪琪笑着说道："感谢我爸妈，给我机会让我走出去。"

是啊，当你走过的世界越大，你就越会感到自己的渺小，越会虚怀若谷，越会飞速进步。

（2）

我的母亲是在农村长大的，一双大脚跑遍了村庄的各个角落，但内心一直有个想法：去看一看外面的世界。

受时代背景和家庭条件所限，女人除了能通过婚姻走出村子，别无他法。

由于母亲模样俊俏，到了适婚年龄后，来说媒的人有很多，姥姥家的门槛都被踏破了。前来说媒的有村主任家的儿子，有邻村的好小伙，有部队的军官，但是母亲却一意孤行，嫁给了有城市户口的父亲。虽然城市生活仍旧困苦，但是相比她之前的世界，已经宽阔了很多。

母亲心大，嫁给父亲后，跟着父亲走遍了大半个中国，见识了外面的世界。所以，她一心盼着我们多读书，好去外面看看。

虽然没有多少文化，但是她却比同龄的农村妇女有更高的见识，她希望我们能用知识而不是婚嫁改变命运。

在母亲的故乡，跟母亲同龄的姑娘有很多，但她们大多数人一辈子都没有走出过那个小山村，她们的儿女也大都散落在四周的村庄，面朝黄土背朝天，没有多少出路。

有一次，我随母亲回了趟老家，看到了她在老家的那些姐妹，一个个都苍老得不成样子，而她们的子女，也是满手老茧、满面沧桑，被生活压迫得直不起腰。

回来之后，母亲跟我说："幸亏当年我走了出来，否则也得这样苦一辈子。"

母亲跳出了她原来的家庭环境，不仅了更宽阔的眼界，也成就了她的孩子们。

（3）

我本来也是个小镇姑娘，内向寡言。后来，在母亲的鼓励下，我爱上了读书。

那一本本书像是为我打开的一扇又一扇通往外界的门，也像是为我插上的飞向世界的翅膀。我暗暗发誓，一定要到外面看看别样的世界。

果真，十八岁以后，我考上了大学，开始了完全不一样的生活。

我一路从武汉到广州，最后漂泊到北京，在京郊定居下来。

也曾扪心自问，如果我当年不曾考取大学，或者毕业后顺遂父母的心愿，回到故乡，守在父母的身边，一眼便能看到后半辈子的生活，不会有大风大浪，不会有大悲大痛，自己真的甘心吗？

到底，还是不甘心。

现在，暖衣饱食之外，我尚能写情诗、读哲学，尚能对酒当歌，尚有余心余力旅行，尚能保持一颗赤子之心；我仍旧敢爱敢恨，有能力去爱人，并受得起别人的爱；我能跳出层层的关系网，活出真正的自己，不淹没在俗世洪流中；我能随时启程，不怀感伤，豁达随性，感恩知足，不再着急，不再执拗……这，就是我从家乡走出来的全部意义。

有人说我是个丢失故乡的人。

对于我来说，那些曾一一流浪过的城市，遍经的每一寸土地又何尝不是自己的故乡？它们见证过我的年少轻狂，陪伴着我的成长蜕变，收留过我的失意和潦倒，包容过我的寂寞和怅惘。而我爱过的每一个朋友，又何尝不是自己至亲至爱的家人？对于我来说，此心安处，即是故乡。

感谢这些年的阅读和不断的行走，让我遇到了视野更宽阔的自己。

（4）

我曾在小镇生活过，那里是宁静的，也是愚昧的，是温暖的，也是狭隘的。相比之下，我更喜欢大城市，大城市是多元的，这里有形形色色的人，有各种各样的观念在碰撞。

因此，我更加坚信，封闭自我只能让你裹足不前，更加偏执。就像井底之蛙，如果不跳出那口井，恐怕一生只能看到井口那一小片天空。只有走出来，才能遇到更好的自己。

无论你身在何处，从事什么行业，一定要多走出去看看，看看外面世界的美丽，听听外面世界的精彩，这样你才能重新燃起对生活的热情，这样你才会知道，你喜欢的人生是怎样的，你喜欢的路该怎样走，否则，你只能在自己的世界里自怨自艾。

经历过一些风雨，才能见到彩虹，走过一些弯路，才知道世界原来这么大。如果你不曾走过很多的路，那么请去看尽可能多的书，它们也能帮你打开通向世界的那扇窗。

2. 你今天取得了成功，一定是因为昨天拼上了全力

（1）

他出生在荷兰的一个音乐世家，父亲是当时著名的歌手。他十五岁起就进入父亲的电台工作。后来，政府叫停了私人电台，他便进入电视行业发展。二十四岁时，他成了一名独立的电视制作人。很快，为了赢得收视率，他策划了一系列真人秀节目，观众反应褒贬不一。

有一天，被工作弄得焦头烂额的他被父亲一个电话叫回了家。

刚进门，他就看到了父亲阴沉的脸。一张报纸静静地躺在桌上，上面一行粗黑的标题"本年度垃圾电视节目之王产生"。他拿起报纸，看着报纸上批评家的"恶毒"言论："他拍的这些节目完全从吸引观众的角度出发，将人的基本欲望最大化，比如性、生存、死亡，毫无品位和内涵可言……"

他把报纸轻轻放下，父亲问道："是不是做电视制作人这条路很难走？"

他摇摇头："就是很忙，一切都在朝更好的方向发展。"

父亲柔声说："看到你被报纸这样羞辱，我很难过。还记得从小你就跟我学音乐吗？你很有音乐天分，我一直希望你继续走这条路。如果你愿意，我可以给你提供机会，让你重新做音乐。"

他制止了父亲："爸爸，我不在乎这些评论。我为观众工作，不为批评家工作。我热爱电视，但音乐梦想我也没有忘记。我发誓，迟早有一天，您会为我骄傲。"

他说到做到。通过制作大量的"垃圾电视节目"，他积累了丰富的经验，逐渐开创了真人秀节目的新世纪。1994年，他制作的真人秀节目《老大哥》成为当年炙手可热的电视节目；随后，他又成功开发了让节目嘉宾挑战各种恐惧事物的高奖励节目《Fear factor》、有奖竞猜闯关智能型真人秀节目《Deal or no Deal》；2011年，《美国好声音》在NBC播出，收视率远远超出预期的3.0，达到了惊人的5.1。要知道，《美国好声音》正是购买了他的真人秀节目《好声音》的版权。目前，《好声音》已经在全球范围内输出版权，成为有史以来最成功的音乐类真人秀节目，他也以二十亿美元的身价登上了福布斯排行榜。

他就是被称为"真人秀之父"的约翰·德摩尔，从一堆"垃圾电视节目"中孕育出自己的成功之树的荷兰传奇。

现在的他光芒四射，可谁又曾想到，他遭受过多少非议和不解？

（2）

一天，当福赛斯又一次被老师提问时，他拿着书本在课堂上念得磕磕巴巴，引得同学们一片哄堂大笑。可怜的福赛斯恨不得穿上哈利·波特的隐身衣，立刻消失得无影无踪。他明知道，老师是为了鼓励他才提问他的，但实际上，老师每次提问他的情形都糟糕极了，这次也毫不例外。照常，老师勉励他一番之后让他坐下，他却觉得四面的眼光像针一样，刺得他心里生疼。在老师转身的刹那，有人用纸团砸他的头，他的心里难过极了。

放学后，他低着头往外走，有一堆同学跟在他后面："看看这个笨蛋，就连最简单的课文都不会念。""笨蛋，你哑巴了吗？"这时，还有人试图过来夺他头上的棒球帽。他拼命地按住自己的帽子，含着泪，逃也似的跑出了学校。他也曾激烈地抗争过，好多次都跟他们打得头破血流，但现在的他已经厌倦了这种没有意义的反击。

福赛斯回到家后，就把自己关进了房间。妈妈来敲门，他沮丧地告诉妈妈："妈妈，也许我死了，一切的嘲笑和欺凌都会结束。"妈妈吓坏了，赶忙打电话求助社工组织。周末，社工组织派来了义工爱丽丝。爱丽丝安抚完福赛斯妈妈后，便去见仍旧不肯开门的福赛斯，与他隔门对话："嗨，福赛斯，我是爱丽丝，很高兴认识你。"福赛斯无精打采："你好，爱丽丝。"爱丽丝继续说："听说你有些不开心的事情。能否跟我说说，看看是否能帮到你。"福赛斯叹了口气："没有用的，没有任何人能帮助我。"爱丽丝满含歉意地说："抱歉，刚才我跟你妈妈聊过，也跟你老师通过电话，他们都说你是个非常聪明的孩子，只不过是不擅长阅读而已。这个世界上，除了阅读，还有很多事情可以做。我想跟你聊聊，看看咱们能否合作，让那帮经常欺负你的小子看看你的本事。"门开了，福赛斯看着眼前这个社工，露出了难得一见的笑容。

此后很长时间，爱丽丝经常来探望福赛斯，还把幼时同样患有阅读障碍的英国亿万富翁理查德－布兰森爵士的故事讲给他听。福赛斯备受鼓舞，并把布兰森当作自己的偶像。慢慢地，爱丽丝发现了福赛斯很有经商头脑，又很熟悉互联网，便鼓励并帮助他开了第一个网店，专营平价精品。那一年，福赛斯仅仅十三岁。让大家没想到的是，第一年他就有了1.3万英镑的利润，后来逐年递增至每年3万英镑的利润。此后，他又尝试经营小吃店，生意也非常不错。这些事情被老师知道后，告诉了那些经常欺负他的同学们，大家都很佩服他。他用努力赢得财富的同时，也赢得了应有的尊重。

年仅十七岁的福赛思已经拥有28万英镑资产，成了个名副其实的小富翁。他现在还拥有两辆古董跑车。福赛斯说："遭欺凌是我成功的动力，我未来会成为百万富翁，那些欺负我的人会为我工作。我的目标是二十岁前成为百万富翁，以鼓励启发其他创业者。"

如今，他成了全民偶像，谁曾想过他却是因受欺凌起家？

（3）

突然想起年少时有个女同学，总是一副不食人间烟火的样子，与那时懵懂贪玩的我们仿佛隔了一个光年的距离。她上学时总是来去匆匆，与他人没有过多的交往。但不知为何，我却总觉得她别有神采。果然，高考结束后，她以全校艺术最高分考上了全国著名的音乐学府。临走时，她还应学校领导之邀在学校开了一场专场演唱会。

当我听到她天籁之音的那一瞬间，我知道了自己为什么会觉得她特别，那是因为她头顶自带的光环。

在最后的互动环节，她告诉我们：为了能站在舞台上，她每天要花两个小时的时间到河边去吊嗓子，花两个小时的时间练琴，再花一小时的时间学习乐理，高中三年的每一天，无论刮风下雨，无论酷暑寒冬，从未间断。

原来，她不是傲气，不是清高，只是没有时间跟我们打成一片。

在这个世界上，有人很早就知道自己要的是什么，于是不停努力，近乎偏执地坚持，也有些人，在人生的道路上，不断修改关于梦想的那套程序，不断修正自己要走的道路。在这个过程中，尽管有非议有冷眼，但他们总能找到属于自己的天地。

（4）

有很多人总是随波逐流，他们不读书，不内省，按照既定的人生规则，上班，下班，吃饭，睡觉，该工作时工作，该结婚时结婚，麻木而机械。可惜，工作未必是自己喜欢的，爱人未必是自己爱的那个。于是，他们的生活中总是充满了牢骚、怨恨和不满。

我们中的很多人，过的就是这样的生活。

这些人的脸上和身上，就像笼罩着一层灰蒙蒙的空气。他们就像这周而复始的日夜和四季，毫无颜色，毫无个性，来了，走了，没有人记得，没有人怀念。有时，甚至连他们自己，都后悔来过这一遭。他们不知道，每个人都是一盏灯，很多时候，只要点燃内心，就能温暖自己，照亮别人。

我们也总会遇到一些优秀的人。这些人好像都自带光环：

有人闭着眼睛也能把车开得很好，有人轻而易举就能策划一场大型活动，有人大笔一挥就是鸿篇巨制，有人毫不费力就能获得全校第一名，有人天生就是运动健将。但事实上，这个世界上从来就没有天生优秀这件事，有的只是一天天的挥汗坚持，一年年的咬牙努力。

（5）

经得起多大的诋毁，就担得起多大的赞美，有多大的成就，背后就付出了多少努力。

凡·高成名之前，画过很多无人赏识的"烂画"，南派三叔成名之前，废掉过好多部小说稿。没有一段努力是白费的，有时候，不要小看自己努力制造出来的"垃圾"作品，成功往往就孕育在这些所谓的失败里。

量变的积累，会产生质变的飞跃。

远方永远让我们充满向往和期待，它似乎有一种神秘的力量，只要你在路上，只要你奋力拼搏，它就会让你有所收获。即使最后它不能成就你，也会格外恩赐你一种光芒，让你在人群中与众不同，闪闪发亮！

如果你选定了自己的远方，并且一直在路上，那么，迟早有一天，你也会与众不同，成为别人眼中自带光环的人。只是，那时候你会知道，那道光环叫努力和坚持。

3.所有事情，最后拼的都是做人

（1）

偶然参加一个聚会，在酒桌上听人说起，原来在政府部门里干杂活的小丁，竟然坐到了局长的位置上。

那人语气很是不屑："凭什么呀？高中毕业，连正经大学都没上过，肯定上面有人，否则怎么会一步登天。"

我认识小丁，所以，我知道他根本不是因为这个才升职的，而且，世上也没有一步登天的事情。

十多年前，小丁不过是政府部门的一个勤务员，说白了，就是负责打杂的科员。小丁高中毕业后，通过招工考试，进了政府部门。后来，因为手脚勤快而且头脑灵活，被选中做了内勤，平时就负责端茶倒水。什么杂活儿都跟他有关，什么好事儿都跟他无关。

后来领导见他挺机灵，就调他去打字室负责文印工作。小丁欣然接受，而且比以前更加勤快。那时流行五笔打字，谁都知道他打字又快又准，但没有人知道他背后熬过多少夜、下过多少工夫。同时，他知道自己学历低，就利用业余时间读电大夜校，本科毕业后又报考了党校研究生。早在几年前，他就拿到了党校颁发的研究生毕业证书。

最重要的是，他人品特别好：在单位抢着值班，抢着干活儿；手下人犯错了，他主动承担责任；在工作上被表扬了，他就说是同事配合得好；被评为"先进个人"之后，他将奖金拿出来请大家吃饭，感谢大家对自己的关照；对谁都客气、谦和，当面不让任何人尴尬，背后不说任何人闲话。

随后，他的人生就像步入了快车道，很快做了副科长、科长，后又被调入乡镇做了副镇长、镇长，一直到如今的局长。

你不曾见过他的辛勤努力，就没有资格对他说三道四。如果说有一步登天的事情，那么，登天的梯子也一定是用锋利的尖刀制成的，每走一步，都绝不会轻松。

（2）

我认识N的时候，他已是五线的小演员，时不时会在电视剧和电影里露一下脸，要是出现在公众场合，自己还会戴个墨镜装酷。

那时的他踌躇满志，一心想在娱乐圈闯出一番天地，所以把工作日程排得满满的。

一次偶然的机会，跟他一起吃饭。我亲眼见他对服务员呼来喝去，态度狂妄至极，而且话里话外的意思，身边没有一个好人，全天下就他最有才华、最厚道，且怀才不遇，这番话让现场的气氛非常尴尬。

反而是饭桌上的另外一个演员 W 让我刮目相看。W 为人谦和，话很少，偶尔发言时也总是面带微笑。见冷场了，他就起身敬酒，调动气氛；看到谁的茶杯空了，他会起身帮人斟茶；对服务员也极有礼貌，非常有爱心。

N 在饭桌上的表现让我大倒胃口。散席后，带我去的朋友劝我说："不要介意，他就那样。"我笑笑，没有说话。但我心里暗想，任他演技再高，也未必有 W 前途好。

后来，果然听说 N 的名声越来越差，已经沦为十八线演员，偶尔跑跑龙套，现在以做微商为生。而 W 的通告却越来越多。

所有跟 N 有过接触的人，都不会再跟他合作第二次，因为他人品太差。据说，他不仅十分抠门，还没有口德。谁对他有用，他就对谁好，一旦没有利用价值，他就会将其一脚踢开，毫不留情。慢慢地，圈内的人都知道了他的品行，没有人再愿意帮他。

所有的路，他走一条，断一条，最后终于无路可走。

（3）

说到底，所有的事，最终拼的都是做人。

什么是做人？有人说是情商高。我觉得不仅仅是情商高，还要人品好。无论经商也好从政也罢，工作也好交友也罢，情商再高，人品不好，最后也都是死路一条。

真正的会做人，绝不是左右逢源，圆滑世故。如果没有心底的善念作支撑，没有开阔的胸襟作担保，只是凭着巧言令色、巧舌如簧，那么，迟早有一天，那些表面会做人的人，都会露出狐狸尾巴。这个世界上，谁都不傻。

所谓的会做人，应该包含以下几个要素：

第一，为人谦和，平易近人。他们永远是春风般的存在，不自大，不傲慢，言语之中充满着对每个人的尊重，凡事能多为对方着想，能站在对方的立场考虑问题，让身边的人无论何时都舒服自在。

第二，为人大方，不怕吃亏。他们往往重义轻利，不怕吃亏，只怕亏欠；对别人的好，从不贪图回报，但能一直记得别人的好。

第三，为人厚道，讲究分寸。他们做事坦荡，懂得分寸，从不咄咄逼人；凡事给人留有余地，绝对不会把人逼到难堪的境地。

第四，为人坦荡，表里如一。有时候，一个人的人品不仅体现在对待外人的态度上，更体现在对待亲人的态度上。为人坦荡的人对内能保护家人，对外能交到朋友。他们绝对不会当面把你捧上天，背后送你入地狱。他们"穷则独善其身，达则兼济天下"。

第五，懂得变通，同时爱憎分明。这种人有大智慧，却不屑于踩着别人的肩膀往上爬。但要是欺负到他头上，他必将用最智慧的方式予以还击，让此人得到应有的惩罚。

要想成事，必须先学会做人。只有好好做人，才会事半功倍。

4. 选择大于努力，格局决定结局

（1）

在电影《泰囧》里，王宝强扮演的王宝是个做葱油饼的。他的梦想是，每天能多卖出一张饼。他是这样算账的：一张葱油饼卖2.5元，成本大概是1元，如果一天能卖800个，每天就能赚1200元……

算到这里，单纯的王宝觉得自己成为富翁已经指日可待了。

徐铮扮演的徐朗是个有商业头脑的人，他开始给王宝洗脑："一个月赚2.6万，一年也就是50万，这都是小钱。你想，如果开5000家加盟店，一年就能赚1个亿，三年之后就可以在主板上市……"

徐朗怂恿王宝把做葱油饼的秘方卖给他，王宝却笑着说："我的秘诀就是我亲自做，不能请人，不能速冻，新鲜出炉。"

徐铮气坏了："那你一辈子只能是个做葱油饼的！"

王宝就是缺乏格局，而徐朗说的就是格局。

当然，价值观不同，格局不同，也会造就截然不同的人生。

（2）

有个人经营了一家加油站。

为了增加收入，他开始发挥自己高超的烹饪技术，给来这里加油的客人提供快餐。慢慢地，加油站的生意未见明显好转，但他做的快餐却声名远播。他最拿手的是用十年的时间琢磨出的，包含十一种配料的炸鸡，食客们纷纷慕名而来。

后来，由于加油站和餐厅所在地旁边的道路被新建的高速公路征用，他不得不另谋出路。

当时他已经六十六岁了，按照当地的政策，他可以靠社会福利金过日子了。但他不想过那样的生活，也不想再开餐厅继续卖炸鸡，而是萌生了一个大胆的想法：把炸鸡的秘方卖出去。

于是，他开着一辆1946年出产的福特老车开始周游美国，到印第安纳州、俄亥俄州及肯塔基州各地的餐厅，试图将炸鸡的配方及做法出售给有兴趣的餐厅，他对他们说："我有炸鸡配方，有了配方，你的生意一定火，我只要从增加的营业额里按比例收取少量的利润就好。"

但没有一家餐厅愿意跟他合作，都认为他疯了："什么？你只给我配方，我却要给你钱？鬼知道你的配方好不好！"

在遭遇了一千多次的拒绝后，他终于谈成了第一笔交易。1952年，设立在盐湖城的首家被授权经营的肯德基餐厅开始营业。

令人惊讶的是，在短短五年内，已有四百余家连锁店遍及美国和加拿大。这便是世界餐饮加盟特许经营的开始。

众所周知，这个人叫桑德斯上校。

如果他也只是像王宝那样，只想着卖葱油饼，只着眼于眼前的利益，那么世界各地的人就永远都吃不到这么好吃的炸鸡了。

这就是格局。

（3）

听过这样一个故事。

A和B是同一天进入一家企业的，同样的资历，同一个起点。但是一段时间后，A青云直上，B却原地踏步，还面临降薪的危机。

B想不通，便找到老板，问："我和A一样的学历，一起来的公司，凭什么只有他升职加薪？"

老板并没有解释，只是跟他说："你现在到集市上去一下，看看今天早上有没有卖土豆的。"

一会儿，B回来汇报："只有一个农民拉了一车土豆在卖。"老板又问："有多少？"

B不知道，于是赶紧又跑到集市上去问，然后回来告诉老板："一共有四十袋。"

"四十袋土豆。"老板又问："价格呢？"B有些发蒙："您没有叫我打听价格啊。"

老板也不解释，又把A叫来，对他说："你现在到集市上去一下，看看今天早上有没有卖土豆的。"

A很快就从集市上回来了，他一口气向老板汇报说："今天集市上只有一个农民在卖土豆，一共四十袋，价格是两毛五分钱一斤。我看了一下，这些土豆的质量不错，价格也便宜，于是顺便带回来一个让您看看。"A边说边从提包里拿出一个土豆，"我想，这么便宜的土豆一定可以赚钱，根据我们以往的销量，四十袋土豆在一个星期左右就可以全部卖掉。而且，咱们全部买下还可以享受一定的优惠。所以，我把那个农民也带来了，他现在正在外面等您回话呢。"

B心服口服，跟A相比，他差的是格局。

A能够以老板的眼光去思考市场和产品，为企业做长远打算，而B则只关注眼下，并没有把眼光放长远。

（4）

格局是什么？格局就是你站的高度，你看事情的角度，你的眼界和心胸。

做大事的人，眼光都不会只放在眼前的一亩三分地上。他能站在更高的位置，看到更远的路和更多的风景，他不会计较一时的长短，不会在意短暂的得失。

如果你的眼光还没有眼睫毛长，那么你注定只能受困于自己的狭小世界。

你的格局，虽然决定不了生命的长度，但决定了你人生的高度和宽度。

从现在起，多向成功人士学习，学会用更长远的眼光来看待人生，不要斤斤计较，不要目光短浅，只有这样，你才能提高自己的人生格局。否则，你的努力都是无用功。

人生格局高了，你自然就会与众不同。

5. 这世界上，没有什么事是理所当然的

（1）

桑毕业了。由于大学时只顾吃喝玩乐，他并没有真正学到什么东西，再加上学校和专业都没有优势，他一直没有找到合适的工作。

退休的父母不想给她压力，就安慰她："没事儿，工作慢慢找，爸妈有退休金，一样可以养你。"

于是，桑便心安理得地在家做起了"啃老族"，而且还是个花钱大手大脚的"啃老族"。她每天上午睡到日上三竿，下午出去逛街、购物，晚上跟朋友出去玩儿，丝毫没有要出去找工作的意思。

天天如此，周周如此，月月如此。大半年后，父母终于着急了，开始旁敲侧击地问桑："有没有投递简历，到处看看？"桑敷衍说没有找到合适的。

父母开始到处托人帮她找工作。可是她不是嫌工资低，就是怕苦怕累不肯去，依然还是得过且过的样子。

面对这种情况，父母不好直说。眼见退休金不够花，父亲便重操旧业，偷偷去给一个公司做账，以补贴家用。

没想到，公司到了年底要核账，事情非常多，而父亲年纪大了，又连续加班，突发脑血栓，被紧急送往医院。

外地的姐姐得知消息后，急忙赶了回来，这才知道妹妹一直靠着父母生活。本来，父母的退休金可以勉强供老两口生活，再多一个人，就捉襟见肘了，年迈的父亲心疼女儿，只得重操旧业。

看着躺在床上昏迷不醒的父亲和在床边无声哭泣的母亲，看着着急的姐姐为了生病的父亲忙前忙后，桑羞愧不已。

父亲虽然捡回了一条命，但就此半身不遂，瘫痪在了床上。

姐姐拉着桑，来到父亲床前，指着父亲对她说："现在你还觉得待在家不工作是理所应当的吗？"

桑失声痛哭，答应姐姐明天就去工作，再也不挑三拣四。

（2）

我在南方时，在一家公司待过。有一年，公司来了一个新同事，叫照照。

照照刚大学毕业，不仅长得漂亮，而且气质很好，情商很高，很有女人味，一下子吸引了所有男同事的目光。

在公司里，适龄未婚男青年颇多，个个就像见了蜂蜜的蜜蜂一样，将照照团团包围，纷纷使出浑身解数献殷勤。而照照自然也非常受用，便像安排值班一样依次和他们进行约会，不仅接受A君的示好，不拒绝B君的追求，还爱跟C逛街，让D陪着自己去看电影……

她在公司里活得很惬意，什么事都不用自己动手：领导安排的工作有人帮忙做，热水有人帮忙倒，早中晚饭有人帮忙买，每周有人送花，衣服也从来没自己买过。

我有一次忍不住提醒她："这样不好吧？"

照照白了我一眼："都是他们心甘情愿的，我又没有勉强他们。"

看照照心安理得的样子，我们一帮自知姿色不如人家的女孩都很羡慕，而公司一个老大姐笑道："别着急，哪有那么多理所应当的事。看着吧，迟早得出事。"

果不其然，有一天，东窗事发了。

照照跟A手拉手逛街时遇到了B，而C和D也都在不同场合遇到过他们。

A骂她水性杨花，B骂她朝三暮四，C收回了所有礼物，D更绝，直接赏了她一巴掌，因为D用情最深，已经准备带她去见家长。B和C为此还大打出手，惊动了老总。一时间，各种流言蜚语都起来了，所有的矛头都指向了照照。而照照则像一朵枯萎的玫瑰，再也提不起精神，不到半年，便提请辞职，离开了公司。

照照不明白的是，这世间并没有什么是理所应当的。你心安理得地接受了别人的好，却一点都不想付出，不出问题才怪。

（3）

去年，我曾经介绍新同事小里去我姐姐家借住。

小里来自贵州，人长得漂亮，也很会说话，每每姐姐长姐姐短地叫着，让我和我姐姐都非常受用。

自从住到我姐姐家之后，她就"原形毕露"了。

她俨然是住进了宾馆，睡衣不带，洗漱用品不带，被子不叠，床上乱得像个狗窝，满地都是梳头时掉落的长头发，还毫不客气地用我姐姐的所有洗漱用品和美容用品，就连睡衣也是跟我姐姐借的。

我姐姐觉得她一个人在北京也不容易，每次都留她在家里吃。她客气了一次后，也就觉得理所应当了。每次吃完饭，把碗一撂就走人。到了单位，还当着领导和我的面埋怨我姐姐做的饭不好吃。

由于是我介绍的，我姐姐不好意思发作。一个月之后，我姐姐实在忍不住了，原原本本地将她的所作所为都告诉了我，而且说，自从她住进来之后，什么东西都没买过，而且一点也没有要走的意思。

不得已，我只好问她："一个多月了，找到房子了吗？"没想到，她脸色突然变了。

我姐姐终于忍无可忍，找了个理由，将她请出了家门。之后，我和我姐姐都成了她的仇人，她在单位见了我视若无物，在街上遇到我姐姐就低头绕着走。

小里生气，是因为她错把别人的好意当成了理所应当的事。

（4）

这世界上，从来没有无缘无故的爱，也没有无缘无故的恨。

万事有因果，善恶终有报。没有谁应该怎样，没有谁是欠你的。

就算是你的亲生父母，也只有将你抚养到十八岁的义务，没有养活你一辈子的责任，更何况其他人。

权利和义务永远都是对等的，你想享受什么样的权利，必定要承担什么样的义务。

小时候，父母对你的好是义务，等你长大后，你的义务便是对她们好。别人不帮你，是本分，帮了你，是情分。人家对你好，你要懂得感恩，并尽量予以回报。

3. 请不要放弃做一个有趣的人

（1）

昨天，一个老友突然来访。

她还没结婚就活成了家庭主妇，每天的生活很单调：睡到日上三竿，起床，简单吃个午饭，然后便开始像个保姆一样打扫卫生、整理家务。下午买上一大堆菜，做好晚饭，就等着男友下班回家。

这种生活状态已经持续了四年有余，就因为在她失业之后，男友说了一句很多女孩都喜欢听的话："没关系，我会养你一辈子。"

于是，她就从一个职场白领变成了全职太太，在贤妻良母的路上一路狂奔：按时买菜，准时做饭，一心想着如何讨男友的欢心，如何让他尽早娶了自己。我多次劝她找份工作，她都说这样过也挺好。

没承想，男友前晚醉醺醺地回到家，向她提出了分手。

蓬头垢面的她让我跟她一起去盯梢。盯梢？多么低级的手段！我本想拒绝，但看着她楚楚可怜的样子，我答应了。

一上车，她就开始一把鼻涕一把泪地跟我讲起自己的恋爱史，大意是说当年追求自己的人多到排成了长队，男友能追到自己实属不易，现在却嫌自己无趣，嫌自己没追求，一定是有人勾引他。

到了她男友的公司，看见他正在加班，我才意识到，一切都是她的臆测。

为了避开领导，她男友理智而客气地把我俩请到了公司外面。

他对她坦言："过去爱你，是因为你是个有趣的姑娘。但没想到，你如今却变成了一个整天不看书不看报，只知道看韩剧、查手机、盯梢、乱吃醋的俗气女孩。我养你，没问题，我的薪水足够咱们两个人过得很好。但是你不能脱离社会，不能变成现在这种无趣庸俗的样子。"

说这话时，她的男友一脸嫌弃。

还没等她反应过来，男友冷漠地说："上次跟你提分手，你可能认为我喝醉了酒，但现在我很清醒，咱们分手吧。"

她呆了数秒后，在公司门口号啕大哭起来，拽着男友不肯撒手，是我硬拉着她离开的。

回去后，她哭了很久，直到我问她："如果你是他，你愿意跟现在的自己一起生活吗？"

她边擦眼泪，边哽咽着摇头，黯然答道："不愿意。"

面对其他积极向上的、有趣得多的女子，谁会愿意与这样一个无趣的人厮守终生呢？

在漫长的人生路途中，谁不愿意找个有趣的伴侣呢？

（2）

直到现在，我还记得我在南方时结识的一位好友——龙少。

龙少其实是个女孩，我跟她是在一家策划公司认识的。公司的人都喜欢跟龙少聊天，因为龙少有趣。

龙少就是公司的开心果，年纪不大，极爱穿很中性的衣服，喜欢大家叫她龙少。

她阳光乐观，积极向上，从来不会像其他女孩那样，沦陷在柴米油盐、儿女情长里，要么每天散布负能量，要么每天说些无聊的生活琐事：跟男友吵架啦，要找个有钱的老公啦，跟婆婆吵架啦，某某被家暴啦，等等。

她来我们公司之前，曾经在很多公司待过，有一大堆有趣的经历，比如搭错车差点儿回不了家，深夜回家差点儿被当成小偷送到派出所，进女浴室被误会，在旅行途中被劫持……

我很好奇她为什么会遇到那么多有趣的事，她笑着说：

"我觉得任何事都很有趣啊，芸芸众生，每一副冷漠的面孔背后，都有一个动人的故事。很多事情，在有的人看来很平淡无奇，但在另一些人看来就很有趣。"

工作之余，大家都喜欢围着她，跟她聊天，就连办公室的男人也喜欢跟龙少聊天。在男人的眼里，龙少是个异类，她太能聊了，从她看过的书，她去国外旅行的经历，到她如何跟催她结婚的爹妈斗智斗勇，她那些听起来匪夷所思的相亲经历，各种趣事，无所不包。

当大家的生活都如一潭死水时，只有她的生活永远都那么有趣。

当时的我大学刚毕业，有很多困惑，龙少就安慰我说"怕什么？多去经历一些事情，别被眼下的生活困住了。既然怎么过都是一辈子，那就过得有趣一点。"

（3）

是啊，这世上，好看的皮囊千篇一律，有趣的灵魂万里挑一。

王小波曾经说过："一辈子很长，你得遇见个有趣的人。"

王小波就是个有趣的人，他的有趣主要体现在思想和语言上。

他在追求李银河时，李银河已经是《光明日报》的编辑了，而他不过是个普通的街道工人。但他丝毫也不觉得自卑，反而天天给李银河写信。刚开始，李银河嫌他丑，他却丝毫不介意，还能趁机调侃：

"一想到你，我这张丑脸上就泛起微笑。"

"不管我本人多么平庸，我总觉得对你的爱很美。"

"做梦也想不到我把信写在五线谱上吧？五线谱是偶然来的，你也是偶然来的。不过我给你的信值得写在五线谱里呢。但愿我和你，是一支唱不完的歌。"

"你的名字美极了。真的，单单你的名字就够我爱一世的了。"

"我发觉我是一个坏小子，你爸爸说得一点也不错。可是我现在不坏了，我有了良心。我的良心就是你。"

王小波书里的每一个字似乎都在说着："我是个文化人，我很会扯淡，我扯淡很有趣，快来跟我谈恋爱吧。"

他用他的有趣追到了当时貌似高不可攀的李银河，让李银河为他侧目，崇拜他，爱戴他，甘愿跟他开始一段恋爱，缔结一段婚姻。

而此后，他始终在沉闷的现实中找寻着有趣的生活："一个人只拥有此生此世是不够的，他还应该拥有诗意的世界。"

（4）

当然，不是所有人都有李银河的福气，能遇到王小波这样有趣的灵魂。

但，就请不要放弃做一个有趣的人。

这世界上有很多种活法，谁也不能限定你这辈子必须怎么活。只要你愿意，你就可以按照自己的方式而活，因为，那是你的人生，不要让它成为一片不毛之地。

无论是在职场上，在感情中，或是在生活中，都请学会做一个有趣的人。

那么，如何成为一个有趣的人呢？

第一，读万卷书。要多读书，要通晓古今，学贯中西，上知天文，下知地理，要有很多很多的见识。只有这样，你才能把所有的知识融会贯通，变成你人格的一部分。

第二，行万里路。每一段旅程、每一次遇见都是独一无二的，用心去观察，你就能找到比书本上更多的东西。无论是好的还是坏的，它们都将是你一生中不可多得的经历和体验。

第三，要敢于从生活的泥淖中脱身。在漫长的一生中，每个人都会无数次被抛入绝望的泥淖中，你只能自救，除此之外，别无他法。你必须学会用自己的智慧和经验来救自己。置之死地而后生的勇气，能为你开启新的可能性。多年以后，这些经历都将成为你的勋章，值得你拿出来一再怀想。

　　第四，给自己戴上一副彩色的眼镜。有趣的人，大多都是人生阅历非常丰富的人。不要自以为是，不要自我设限，生活永远超出你的想象。要敢于尝试，敢于追求梦想，一旦你突破了种种限制，你的人生就会变得丰富多彩，你也便多了有趣的基调。

　　人生那么长，永远不要放弃做一个有趣的人。

6.所谓教养，就是懂得一些"无用"的东西

（1）

暖暖是我的好朋友，也是我身边难得一见的漂亮女博士。

她博士毕业后，曾在某大学教书，后因厌烦学校的各种培训制度，申请调到了附属小学，做了一名英语老师。由于家境好，她常常趁着寒暑假到处去旅行。

她温文尔雅，温柔娴静，说话风趣，深得我心。

有一次，她突然在微信群里晒出了自己的国画和书法作品，晒出了自己弹的古筝，让我顿时心生敬佩。

人家不仅长得漂亮，还有那么高的学历，而且多才多艺。

听到我的赞扬，她不禁笑了："这些都是无用的东西，没什么了不起。"

后来，我才慢慢了解到，她出身于书香门第，父亲是某大学的教授，她从小就练习古筝、国画和书法等。

通过跟她聊天，我彻底明白了一件事，那就是：所谓的教养，其实就是懂得一些无用的东西。

（2）

美女小宋从记事起，就在父母的督促下开始练毛笔字。由于家教很严，久而久之，她练得一手好字。

长大以后，因为字写得好看，她就包揽了家里写春联的任务。没承想，亲朋好友、街坊邻居看到她写的字后，都纷纷上门求她写春联，她也因此而更加自信。

在考试中，她那一手好字也让她受益无穷。无论是中考还是高考，因为字写得好，她的作文分数一直不低。在模拟考试中，她写的作文虽然字数不足，但还是得到了全班最高分。

小宋大学毕业后，到上海一家科技公司应聘文秘。一笔工整的好字，让她在众多应聘者中脱颖而出。更重要的是，她不光是中文写得好，就连英文也非常工整，跟打印机打出来的一样。

要知道，小宋所在的公司，总部位于美国硅谷，同事中男性居多，且都是"海归"。公司薪水高，福利好，在众位男同事的众星捧月下，她更是一枝独秀。

一次，公司开远程会议，小宋负责写会议纪要。写完后，她将手写的会议纪要拍了照分享到公司微信群里。

没想到，总部领导看到她的字如此俊秀飘逸，也对她心生好奇。两个人因字相识，慢慢互相吸引，最终竟缔结了一段美好姻缘。

如果你以为字写得好看没什么大不了，而且靠字体来判断一个人太片面，那你就错了。

字写得好看的人，往往来自文化氛围浓厚和家教严格的家庭。

试想一个叛逆的孩子会听从家长的话去练字吗？一个整日酗酒打架的家庭会让孩子去练根本不实用的书法吗？一个没有良好的学习习惯的人怎么会坚持练习枯燥的书法吗？

想必不会吧。

只有有教养的家庭才能培养出这样的孩子，也只有品质优良、性格温和的孩子才愿意执笔写字，且长期坚持下去。

书法看似无用，却体现着一个人的教养。

（3）

一直以来，中国的教育就太过功利，家长们只让孩子学习那些看起来有用的知识。

所以，当奥数有用时，家长就一窝蜂地让孩子去学奥数，不顾孩子是否愿意；当艺术特长有加分时，家长就一窝蜂地让孩子去学艺术，不管孩子是否喜欢；现在"传统文化"被列入了考试大纲，家长又一窝蜂地让孩子去学"传统文化"。书法、音乐等因为不是应试考试的内容，所以一直备受冷落。

我们也一直以为"教养是表现在行为方式中的道德修养状况，是社会影响、家庭教育、学校教育、个人修养的结果，尤指在家庭中从小养成的行为道德水准"。似乎教养就是不说脏话，不打人不骂人，行为文明，举止有礼。

但事实上，教养是刻在骨子里的东西。有些看似无用的教养，却影响着我们的行为举止，改变着我们的素质修养，改造着我们的气质气场。

书法也好，音乐也罢，如果不是专门从事这些行业的话，它们基本是无用的。但正是这些无用的东西，才能真正代表我们的教养。

第五章

在你自己的时区，一切都很准时

所 谓 绝 境 ， 不 过 是 逼 你 走 正 确 的 路

1. 趁早把生活折腾成你喜欢的样子

（1）

最近，我的好友小邪主演了一部抗战题材的电影，还担当了该电影的编剧，因为才貌双全而被媒体盛赞。

小邪人如其名，喜欢率性而为，在常人看来总有些离经叛道。

她年纪不大，却做过别人几辈子都做不完的事：当过记者，学过影视，做过演员，去过山区支教。前些年，她突发奇想，要去世界各地旅游，于是就果断辞去稳定的工作，出发了。几年来，她的足迹遍布马来西亚、新加坡、柬埔寨、德国、瑞士、荷兰、奥地利、新西兰、澳大利亚等国家。

后来，父亲生了一场大病，她才意识到自己肩上的责任，不再远游，悄然回到母亲经营的花店，继续写文章、卖花、拍戏，在此期间，她偶尔会不定期出游。

前年，她来北京参加笔会，跟我共宿一室。虽然我们相处时间短暂，交流不多，但是我却能体会到她的特别之处。

虽然已到了别人眼中该谈婚论嫁的年纪，她却依然活得像个孩子，无拘无束，自由自在，生活丰富多彩。就连曾偶遇她的国学大师季羡林也感慨，她是"幽兰花一样的女孩子"。

著名作家安妮宝贝说过："在这个世界上，所有真性情的人，想法总是与众不同。"看似动荡的人生里，其实藏着她最真的性情和最自由的心。

（2）

写这篇文章时，我才意识到，身边真的有不少活出自我的人。

这些人都很有主见，不肯妥协，不肯将就，一直坚持自我，终于活成了自己喜欢的样子。

我坚信，这个世界上，总有一些人，愿意尝试一些与别人不同的生命体验。他们最终会用这些生命体验，获得非凡的眼界和心胸，达到我们此生都无法企及的高度。

他们时刻提醒着我，世界很大，生活不只是眼前的苟且，还有诗和远方；不要因为你身处泥淖，就觉得这世界永远黑暗；不能因为你心胸狭窄，就觉得遍地是小人；更不要因为你的身边都是一样的人，就去嘲讽或非议与你全然不同的人。

他们是灰蒙蒙的人间烟火里最动人的色彩。有了他们，这世界才如此绚烂。

（3）

小时候，因为我们害怕不合群，害怕与众不同，害怕会被排挤，害怕木秀于林，所以，常常会随波逐流，常常会人云亦云，不敢做过多的自我表达和自我尝试。

父母对孩子的要求，永远是工作稳定，生活稳定，不要有那么多波澜。

那些看似不错的工作和稳定的生活，最终将我们打磨成了另外一副模样。

大多数人都被时间的洪流推搡着往前走，而后，隐藏起身上的光芒，放弃曾苦苦追求的理想，或娶妻生子，或相夫教子，陷在柴米油盐的琐碎中，淹没在人群里，垂垂老矣而不自知。

查尔斯·埃文斯·休斯曾告诫世人："当我们失去变得与众不同的权利，我们就失去了自由的权利。"

我们总是不屑于与他人为伍，但又总是害怕与众不同。长大后，我们才知道，与众不同才是最美的人生姿态。因为，我们都不是量产的机器人，原本就该有完全不同的人生。可惜等到明白这些道理时，大多数人已经人至中年，有心无力。

中国家长该明白的是，允许孩子自由选择，允许孩子发现自己，允许孩子表达自己，允许他用长长的一生去完成他的自我实现，是每位父母的责任和义务。

因为，生命本来就没有模板，没有人规定你应该成为什么样的人。

也许，现在的你已经"泯然众人矣"，但只要有机会，请一定告诉孩子："不要害怕与众不同，那是你的权利。每个人的生命都仅有一次，按照自己的方式，用力去活，活成你最喜欢的样子，这才是最重要的事。"

因为，人生本来就不止一种打开方式。

2. 只要你想奋斗，哪里都是你的北上广

（1）

旧日同学每次看到我发公众号文章，就很是羡慕："你们在北上广的人真好，每天生活得都很精彩，不像我们，待在老家，每天就是混日子，一丁点儿奋斗的欲望都没有。唉，瞎活着吧！"

聊天中，她跟我大吐苦水。我这才知道，高考落榜后，她也曾去上海闯荡过两年，但是因为太累太苦，父母又逼她回家结婚，她也就顺从地回到家乡，结婚生子。

如今，她在一个超市做收银员，薪水不高，但很轻松。老公帮别人开长途车，工作不分昼夜。孩子已经上高二了，整天逃学。她现在唯一的愿望是，孩子能考上外地的大学。如果考不上，赶也要把他赶到外地去打工，让他好好吃苦，好好奋斗，好好创业。

我竟无言以对。

谁说只有在北上广，才有理由奋斗？

（2）

不可否认，离开家，等于离开你的舒适区，离开你的关系网，离开你的安全地带，这意味着，你要付出更多，才能拥有别人与生俱来的一些东西，你必须奋力拼搏，才能闯出自己的一片天地。我身边确实有不少这样的例子，很多异乡人都通过自己的努力，在北京站稳脚跟，融入了大城市的生活当中。

但这并不意味着，只有到了北上广，你才有奋斗的资格。实际上，只要你想奋斗，哪里都是你的北上广。

留在家乡有留在家乡的好，因为你可以站在父母的肩膀上起跳，少走很多弯路，少吃很多苦，有房有车，衣食无忧。当然，留在父母身边，你也可能会因为舒适而忘记了自己的梦想，或者失去奔跑的动力。

很多人都以为北上广遍地是黄金，到处是机会，所以对来北上广闯荡的人充满羡慕之情，但他们不知道的是，每年也有很多人挥泪告别北上广，黯然回到了家乡。因为，北上广的竞争更激烈，生活成本更高，只有无比坚韧的人才有可能留下来。

由于受各种条件所限，不是每个人都有机会到北上广闯荡的。但真正值得人羡慕和学习的，应该是北上广的精神，是让你心中寄存的梦想和斗志，不会轻易被现实所击垮的精神。

（3）

我的旧日同学中，能从家乡小城走出来的不多。因为我性情疏离，所以与当年的高中同学鲜有联系。就我所知道的不多的几个人之中，有的通过努力当上了乡镇领导，有的做起了产品代理，天天到处出差，有的开了自己的公司。他们都按照自己的人生地图，活出了应有的精彩。

老友阿杰，中专学历，毕业于某水利学校。因为不想留校当老师，就被分配到了离家很远的地方。但父母心有不舍，就想尽办法，把他调回到了家乡水利系统的打井队。

当他发现微薄的工资满足不了生活所需时，就开始用自己所学的专业接起了私活儿。等到私下的业务足以满足生活所需时，他就索性辞职，开了家小公司。

刚开始创业时很难，先是求爷爷告奶奶地找项目；找到项目了，又需要提前垫付资金；资金筹到了，又要建团队，买设备；好不容易等项目完工了，结账时又被各种刁难……

如今，二十年过去了，当年的农村小伙儿通过自己的努力，开上了奔驰，住进了别墅，把孩子送到了国外去念书。他得到的已经远远超出预期，但个中辛酸，谁又能真正体会呢？

他们因为各种原因留在了家乡，但没有被剪去腾飞的翅膀，没有被打断奔跑的双脚。没有人规定离开了家才算是奋斗，没有人规定留在故乡就注定没有梦想！当别人因为没去北上广而后悔遗憾时，他们却在用自己的双脚拼命奔跑，去追逐自己心中的北上广。

真正勇敢的人，无论是在北上广，还是在家乡小城，都会脚踏实地，为了生活拼尽全力。他们迎难而上，像一只只骄傲的凤凰，将一次次的失败和挫折当成可以由此涅槃重生的一场场大火。他们不会因为身在北上广，而贪恋家乡的安稳；也不会因为身在家乡，而羡慕北上广的遍地机遇。

因为，真正的北上广，不在别处，在每一个人的心里。

3. 如果无从理解别人，就只能逼仄地活着

（1）

表妹愤而辞职了，原因是她和某同事合不来。

她说那个同事不仅在背后说她坏话，还总是想在领导面前陷害她。

我问她："为何有此想法？有证据吗？"

她愤愤不平地说道："她看我的眼神就不对劲。很多时候，她们说的正热闹，但是我一去，她们就不说了。你说，如果不是在说我，还能说谁？肯定是在背后议论我！小人！"

我不知该如何劝解，据我所知，这份工作她刚干了半年多。

记得她的上一份工作是在民办幼儿园当幼师。单位提供住宿，她和一些外地的同事一起住。

很快，她就感觉到别人对她的不友好。

她总跟我说这样的话，谁在背后说她坏话啦，谁在搞小团

伙排斥她啦，谁故意讨好老板啦，谁看不起她啦，等等。

我好奇地问她："你怎么知道的？"

她自信地说："我感觉到的呀，我第六感超准的。"

去年年底，她也是愤而辞职。因为她觉得自己与他们"道不同不相为谋"，绝对不能再跟他们在一起工作了，否则自己"最后怎么死的都不知道"。

表妹今年三十五岁，北漂，学历不高，未婚，工作换了无数，每份工作平均只能干半年，唯一的优点是肯吃苦。

我曾给她介绍过对象，她要么说人家瞧不起她，要么说人家对她有歪心思，反正，从来都是别人的问题，都是她"用第六感感觉到的"。而生活中的她几乎没什么朋友，她说朋友根本没用，交朋友成本太高。所以，她的圈子很小，总是活在自己的幻想世界里。

当她跟我发泄完她所有的愤懑，我脑海里猛然出现一句话：如果无从理解别人，那就只能逼仄地活着。

（2）

上大学时，我们宿舍住了七个人。

隔壁宿舍有个女生叫阿潘，说跟同宿舍的人合不来，就常常到我们宿舍来玩儿，跟我们宿舍的每个人都玩儿得很好。

阿潘是广西人，性格开朗，颇有点儿北方姑娘的味道。从她的嘴里听来的，都是她们宿舍的人有各种缺点，比如A有洁癖，不能交往，B自私自利，C性格太偏，D为人冷漠等等。总之，在她眼里，她们宿舍每个人都有一个无法忍受的缺点，所以，她才来我们宿舍玩儿。

来的次数多了，大家都跟她慢慢熟悉起来。其中，我跟她最要好。

等大三换宿舍时，阿潘就申请换到了我们宿舍，睡在我的下铺。

但很快，不知道为什么，她就跟宿舍里的人闹起了别扭，一会儿嫌我们太吵，一会儿又莫名其妙不理人。每次一回到宿舍，她就钻到自己的床上，拉上帘子，谁也不理。

后来，又莫名其妙地跟我闹僵了。再后来，阿潘越来越不爱说话，跟同宿舍的所有人都闹掰了。

有一次，我们几个外出就餐时，遇到了她原来宿舍的同学，跟她们说起这些事情，求教到底该怎么办。

她们笑我们太认真："阿潘就是那样的脾气。她从来不会为别人考虑，永远只是站在自己的立场想问题。前几年，她的身边简直是'寸草不生'，没人愿意与她亲近。"

直到毕业，阿潘也没有跟我们和解。我们创造了好几次和解的机会，但都未果。后来，也只好作罢。

毕业多年后，听一些广西的校友说起阿潘，她仍旧一副高不可攀的样子，孤僻，独来独往，从不愿融入人群。

（3）

邻居家有个哥哥，是个极其愤世嫉俗的人。

他从小就很叛逆，常跟同学打架，跟老师顶嘴，父母没少为他赔不是。

他看不起高考制度，高中没毕业就学别人创业去了。

他先是跟别人学卖衣服，但是价钱卖低了他心疼，价钱卖高了又卖不出去，不是跟顾客打架，就是跟同伴拌嘴，最后，还跟市场的管理人员打了起来，被人家赶了出来。

后来，父母托人给他找了份工作。但进了单位之后，他还是个性奇特，说话过于直接，总是独来独往，让很多人不爽。最后，领导找了个理由，让他回家了。

到了该婚娶的年纪了，有人给他介绍对象。他横挑鼻子竖挑眼，这也不满意，那也不满意，好不容易，看上了一个对眼的。结果，两个人结婚不到两年，就因为各种矛盾而大打出手，最后以离婚告终。

我现在回老家，还经常见到他坐在巷口，冷眼看着大家。

听母亲说，他真的成了孤家寡人，现在没人愿意理他。

（4）

世界是关联的，谁都离不开谁。

我们生活在一个大环境里，每个人都要仰仗别人的关照，只有很好地融入集体，才能从容过完此生。

你可以特立独行，才华横溢，但是，你要善于与人相处，有良好的人际关系。

在家庭里，要跟家人互相理解，因为如果经常"后院起火"，你的事业注定会受到影响；在一段感情里，必须要互相包容，才能一直走下去；在工作中，必须要有团队意识和合作精神，才能干成大事；在社会上，必须要与人为善，才能和谐共处。

如果没有良好的人际关系，你的人生注定会充满坎坷，如果没有合作精神，无法理解别人，你就只能囿于狭小的自我世界。除了父母，没有人有责任包容你；除了你自己，没有人能拯救你。

世界是我们大家的，需要我们一起去努力。

4. 钱遍地都有，可你为什么还是个穷人

（1）

小春是我家的钟点工，虽然现在已经开了公司，但忙不过来的时候，偶尔也会亲自出马。

她每次来家干活儿，都爱跟我聊天。

小春刚来北京打工时，只有十八岁。那时，父亲由于做生意被骗，气得生了一场大病。病愈后，家里欠下了巨额外债，连基本的生活都无以为继。看着家里的窘境，身为长女的小春主动提出辍学，跟随老乡到了北京打工。

到北京后，她做过服务员，当过洗头妹，还在流水线上做过工人等等，总之收入微薄。

有一次，她跟着一个做保洁的老乡去干活，这才知道，还有一种工作叫保洁，只要你不怕辛苦，就能挣钱。小春央求老乡带自己入行，开始正式学做保洁。

很多保洁员只是应付差事，而她却认真研究起怎样擦木地板和瓷砖才会显得干净，怎样擦卫生洁具和窗户才会显得亮堂。

研究明白之后，她偷偷买齐了做保洁的工具，又印了两盒名片。她站在学校门口，将名片发给了准备接孩子回家的家长们，开始独自创业。

由于小春有朝气、有活力，办事利索，而且收费比较低，很快，她就有了好口碑。

文化不够，力气来补，这成了小春的赚钱之道。一年的时间，小春就从原来的客户寥寥，到应接不暇。三年之后，她开起了自己的保洁公司。又过了两年，她的保洁公司开了三家分店。

由于操心的事儿太多，不到三十岁，她的面容就迅速衰老，又因为经常沾水，她的双手非常粗糙，还因为长期伏在地板上作业，她的腰肌劳损非常严重，但她却觉得这一切都值得。

她的老乡们还在抱怨钱不好挣，而她却还清了家里的欠款，还为父母买了大房子。有些老乡在背后传闲话，说她一没有学历，二没有背景，凭什么能赚那么多钱，肯定是傍了大款了。小春没空跟他们解释，因为她正准备将公司开回家乡。

很多人总是羡慕别人当下的生活，却从未想过人家背后付出的辛苦。有远大志向的人往往不爱空谈，因为，他们的时间真的很宝贵。

（2）

前段时间，"新媒体教母"咪蒙曾写了一篇名为《说来惭愧，我的助理月薪才五万》的文章。她在文中讲到，自己的助理每月能拿到五万元工资，但作为老板的她却觉得自己占了便宜。

看完这篇文章，你会发现，无论是做人方面，还是做事方面，她的助理都做得非常到位。

一、做人忠诚。从咪蒙供职于《南方都市报》，到出来创业，再到做公众号，她的助理一直不离不弃。无论来自家庭和朋友的压力有多大，她都从未放弃。试问，哪个老板不喜欢忠诚的下属？

二、做事专业。作为一名助理，她每天为咪蒙做一次公众号文章分析，每周做一次爆款文章分析，每月做一次全国新媒体阅读趋势分析。而且，不仅给自家的公众号做数据分析，还帮其他大的公众号做数据分析。这样做事，哪有不受老板器重的道理？

三、将工作当成事业，抗压能力强。无论是出差，还是熬夜加班，抑或是赶时间出方案，她从不与咪蒙讨价还价，并且交出的作业都远远超出咪蒙的预期。这么敬业的助理，哪个老板会不喜欢？

我看完之后，无比汗颜，内心一个大写的"服"字。她的月薪再高也不为过，因为她的每一分钟都非常有效率、有价值。

如果你没有付出同等的精力和心血，就不要羡慕人家每月拿五万的工资。

（3）

赚钱的机会遍地都是，可你为什么还是个穷人？

求财之路无非两种，一种是靠体力劳动换取，一种是靠脑力劳动所得。小春靠的是体力劳动，而咪蒙的助理靠的是脑力劳动。这两者没有高低贵贱之分，只有适合不适合之说。

如果你不愿读书，没有才华，还不敢尝试，吃不了苦，拉不下面子，那就是你自己的问题了。

每个人都有每个人的使命。我们从小就努力学习，为的是有一天能脱离父母这对拐杖，独自在人间行走，过上体面的生活。这之外，才会有你的风花雪月，你的诗酒人生。

寒窗十年，不是要做书呆子，十年磨一剑，我们磨的就是用以闯荡人生江湖的求生利器，这利器可以是双手，可以是智力，可以是技术，可以是才华。凭借它们，我们才能为自己和家人"杀出一条血路"，换来衣食无忧，求得岁月静好。

否则，你连温饱问题都没有办法解决，何谈傲人的梦想，何谈人生的抱负。

但有很多人，非要把磨剑的时间，浪费在没用的事情上：

打游戏，刷微信，看电影，泡论坛，白白浪费了大好的年华。

看一万部偶像的电影，你也不能成为明星；一天打二十四小时的网络游戏，并不能让你的生活更好一些；刷了一天的手机屏幕，也不会刷出人民币；吐槽别人半天，也丝毫无助于你提升自己的能力。

眼前的生活尽管很"苟且"，但如果你连这种"苟且"都应付不了，又怎么能实现你的"诗歌和远方"呢?

你的时间很宝贵，不要将它浪费在没用的事情上。

5. 成功就是，用自己喜欢的方式过一生

（1）

看过一部关于"厨神"诞生的电影。

电影中，在一家小餐馆里，穿着脏兮兮厨师服的父亲问儿子："为什么不想上学？"

儿子低着头，梗着脖子："我成绩太差，根本就考不上大学，我就是喜欢做饭。"

父亲一下把刀插在案板上，怒气冲冲地走开，剩下儿子孤零零地看着那把插在案板上的菜刀。

原来，儿子自小受父亲熏陶，喜欢上了厨艺。但受过学艺之苦的父亲不想让他走同样的路。

父亲不同意，儿子只得去考大学。

他对学习不感兴趣，自然就不用心。结果显而易见，没考上。但在厨艺上，他却孜孜以求，无师自通，做出的饭菜色香

味都超过了父亲。

父亲还是不同意他做厨师，逼着他去复读。

无奈，他偷偷跑去参加厨艺比赛，一举夺得金奖。面对镜头，他告诉父亲："每个人都有自己的使命，而兴趣就是最好的老师。我不是学习的料，但做好饭，就是我的使命。"

身为评委的父亲终于被打动，同意了儿子做厨师。

有时候，我们的梦想跟别人的总是不一样，没有那么高大上，没有那么阳春白雪，但那又怎样，那才是我们真心喜欢的。

世事艰难，但总有一条路，会让你的梦想开花结果，总有一种生活，能让你找到最美的自己。

（2）

前同事最近有了新苦恼：进入了一家心仪的公司，虽然事事都做得周全到位，而且也非常努力想融入新环境，结交新同事，但总有那么几个人，老跟自己作对，不是挑自己的毛病，就是背后给自己使绊儿，让他百思不得其解。

本来自信满满的小伙儿心情糟透了，如同北方冬日重度雾霾的天空。我问："公司总共有多少个同事？"

他说："一个部门就有二十多个人。"

我再问："有几个不喜欢你呢？"

他说："两个吧。"

　　我大笑："那么大的分母，这么小的分子，这个比例就让你这么不开心，太不值了吧？你又不是'毛爷爷'，还指望人人都会喜欢你？"

　　他自己也被逗乐了，有些羞赧："也是啊。"

　　宇宙浩渺，我们怎么能取悦所有人呢？又怎么可能让所有的人都喜欢我们呢？

　　这世间，我们真正需要取悦的只有父母和自己。父母在我们幼时曾无条件地给予我们很多东西，以供我们快乐成长，于他们而言，不忤逆是取悦，不悲观是取悦，打一通电话是取悦，买一件衣衫是取悦，做一餐饭菜是取悦，陪伴一个午后也是取悦。只有意识到自己的重要性，你才会想着取悦自己，然后与自己达成和解。于自己而言，不挣扎是取悦，不拧巴是取悦，倾听自己内心的声音是取悦，踏上一段自己向往的旅程是取悦，阅读一本喜欢的书是取悦，找到自己的兴趣爱好是取悦。唯有这样，你才会真正爱上自己。

　　很多时候，不畏人言，过自己喜欢的生活是需要勇气的。

（3）

　　朋友之间，兄弟之间，夫妻之间，同事之间，邻里之间，所有这些关系的本质，说到底都是互相取悦。你敬别人一尺，虽然不必希求别人还一丈，但如果你敬别人一丈，大概就得权衡一下他是否愿意投桃报李还你一尺吧。如果他连这一尺都懒得回报，那么你就不要再白白浪费力气了，因为他不是你能取悦得了的人。

跟你气场不合、性格不合的人，即使你用尽一生，恐怕也不能讨得他（她）半分的欢心。我们身旁有很多这样的例子：你爱他胜过爱自己，但他却对别的姑娘兴趣盎然；你愿意把心掏给她，她却把你的爱当众撕碎给你看；你愿意为他付出所有，他却把这些当作理所应当……

生活千姿百态，人性也复杂多变，有欣赏你的，就一定会有污蔑你的，有力挺你的，就一定会有反对你的，有对你情深义重的，就一定会有当面一套背后一套的，有刀子嘴豆腐心的，就一定会有豆腐嘴刀子心的。这些都是生活的常态。

但，又能怎样呢？难道"万人迷"刘德华仅仅因为有几个"黑粉"就得退出娱乐圈？难道淘宝店主收到几条差评就从此不做生意了？难道因为大家都喜欢春天和秋天，冬天和夏天就该被抹去吗？

事实上，只要有一个肝胆相照的朋友，就证明你是可交之人，只要有一个知冷知热的伴侣，就证明你是个值得爱的人，只要你活得快乐自得，就证明你是个有趣之人。如果他（她）不喜欢你，甚至讨厌到咬牙切齿，那也没关系，因为那是他（她）的事情，何必用他（她）的错来惩罚你自己。

其实，话说回来，不喜欢也分很多种，有的不喜欢是因为受到威胁，有的不喜欢源于嫉妒，有的不喜欢是因为看不起，有的不喜欢是因为看不惯。但无论是哪种，你都要记住，（她）越是不喜欢你，你就越是要活成灿烂蓬勃的样子。只有你强大起来，活出真正的自己，这些"不喜欢"才会烟消云散，化为乌有。

什么？你说还是会有人不喜欢你？哦，亲爱的，你不吃他（她）家的饭，不住他（她）家的房，不睡他（她）家的床，不花他（她）挣的钱，随便他（她）不喜欢好了，与你何干？

（4）

成功与否，从来都不是以金钱和地位来衡量的，而是看你是否以自己喜欢的方式过了一生。

有些人，虽然物质上很贫乏，但是一辈子从事着自己喜爱的行业。

有些人，虽然有权有势，但却总是身不由己，郁郁寡欢。

很多人一出生，命运之神就非常慷慨，给了他显赫的家世，丰厚的家产，给了她美丽的容颜，苗条的身材。但显赫的家世里，有很多不足为外人道的无奈，丰厚的家产里，埋藏着太多钩心斗角，而容貌会变老，身材会走形。这些漂亮的肥皂泡，往往非常脆弱。光鲜的背后，是我们无法理解的压力。富贵之家甚至无法体会到普通人家的爱恨情仇。出生在普通人家，也许无法要风得风、要雨得雨，但命运赐予我们的是内心里一颗爱的种子。你只有用辛勤的汗水去灌溉这颗种子，才能让它开花结果，用最喜欢的方式一路欢歌地生活下去。

6.在你自己的时区，一切都很准时

（1）

前段时间，56.8亿票房的电影《战狼2》把该片的导演兼主演吴京推向了舆论的中心。

在此之前，吴京已经主演过很多部电视剧和电影，像电视剧《太极宗师》《小李飞刀》《江山儿女几多情》《我是特种兵2》，电影《功夫小子闯情关》《杀破狼》《男儿本色》《西风烈》《杀破狼2》等。其中，他凭着在《男儿本色》中的出色表现，获得第44届台湾电影金马奖最佳男配角提名，他自导自演的电影《战狼》曾荣获第20届华鼎奖最佳编剧奖、最佳新锐导演奖。

吴京，生于1974年，典型的白羊座，勇敢而执着。他出生在武术世家，满族人，族姓乌拉那拉氏，往上追溯，家族中几代人都曾是武林高手。

吴京从小调皮捣蛋，不喜欢武术，只喜欢踢足球。六岁那年，父亲让他到北京市什刹海体校学习武术。别的孩子还在街头疯跑的时候，他却在劈叉、扎马步、空翻、侧踢。在此期间，他受过无数伤：六岁时，鼻梁被打断；八岁时，头破血流，需要去医院缝针；九岁时，胳膊骨折，需要打石膏；十四岁时，腰部脊椎受伤，由于调养不当，他甚至瘫痪在床，生活不能自理，但他没有放弃，坚持锻炼，半个月后，他居然神奇地康复了。

十五岁时，他进入北京市武术队接受专业训练。1991年，他获得了全国武术比赛枪术、对练冠军。1994年，他获得全国武术比赛精英赛枪术、对练冠军。

后来，由于太拼命，他在一次比赛中右脚骨折，黯然从冠军队退到了普通运动员队伍里。随后，为发泄情绪，他常常找流氓地痞打架。为了挣钱，他还开过服装店，直到师父推荐他去拍电影。

曾执导《少林寺》的导演为他量身定制了电影《功夫小子闯情关》，结果反响平平。从1998年到2005年的七年时间里，吴京一共拍了十七部电视剧，虽然《小李飞刀》《倩女幽魂》等口碑都不错，但他却非常低落，因为那都不是他想要的。

接着，他又转战香港，拍了一系列电影，后来才找到自己的定位。

没有谁会突然大红大紫，勋章的背后都是默默的付出和辛勤的汗水。回忆起当年，吴京笑着说："我从不害怕从头开始。"

没有当年的摸爬滚打，就没有后来的吴京；没有这么多年在影视圈的卧薪尝胆，也就没有吴京今天的一炮而红；没有精益求精的拍摄制作过程，就没有《战狼2》惊人的票房成绩。

从1995年涉足影坛，到2017年自导自演造就票房奇迹，四十三岁的吴京用了整整22年的时间。

在他的时区里，一切都按部就班。

（2）

毕业三年的小楼有一阵子很消极，因为大学同学都过得比自己好，有的做了CEO，有的升职加薪，唯有自己，依旧在原来的岗位上，没有一点起色。

恰逢新年，她跟在新西兰留学的朋友聊天，言语间对自己当前的状况很焦虑，恰好被父亲听到了。

等她挂了电话，父亲问她："你可知道新西兰的新年比北京早四个小时？"

她怏怏地说："知道。"

父亲又问她："那你同学比你先过新年，你是否会沮丧、难过？"

她摇摇头："不会啊，咱们也会过新年啊，不过是晚了四个小时而已。"

父亲笑了："为什么呢？"

她笑道："爸您傻了吧，因为有时差啊，新西兰是东十二区，咱们是东八区。"

父亲说："是啊，虽然他们先过年，但咱们没必要着急，因为咱们迟早也要过年。不只是自然界有时差，每个人的人生也都有时差的。为什么你能轻松接受自然界的时差，而不能接受人生的时差呢？"

小楼豁然开朗，自此不再焦虑。

果不其然，调整心态后的小楼很快就找到了合适的方法，捋顺了和同事的关系，工作也慢慢有了起色。

（3）

路和白是邻居，两个人同岁，一起长大，但是一个外向，一个内向。

长大后，双方父母难免会拿两个人做比较。

路的父母说："看白学习多好，从来不让父母操心。"

白的父母则骂孩子："看路多能赚钱，跟人家比你就是个书呆子。"

转眼间，两个人都到了该结婚的年纪。看到路先结了婚，白为了不让父母操心，也急匆匆地结了婚。

没想到，夫妻二人在婚后有了各种矛盾，后来，只得离婚作罢。这一回，白的父母又讽刺她哪方面都不如路。白终于崩溃了："为什么我总要和她一样？"

后来，白索性远离家乡，来到陌生的城市，做起了小买卖。用了十年的时间，白终于事业有成。由于没有人再拿她和路进行比较，她安心地走在了自己的路上，不必追赶谁，也不必跟谁比。

当她领着丈夫孩子回娘家时，父母终于向她认错了：他们不该总拿她跟路比。

她去见路，路苍老了很多，见到光鲜亮丽的她，路有些自惭形秽，而她经过风雨的洗礼之后，早就变得宽容而豁达。

她拉着路的手，说："因为一直追赶你的脚步，我都忘记了每个人是不一样的。你考入大学，我就拼命地考入同一所大学，你结婚了，我也学着你的样子结婚。但现在我才知道，独自享受自己的人生，是多么美好的事情，希望你不要跟我一样。"

路似懂非懂，但白却终于放下了。

（4）

就像自然界存在时差一样，每个人从一出生，就携带着自己的人生密码。

你什么时候该上学，什么时候该恋爱，什么时候该结婚，都有自己的规律可循，都无须跟别人比较。

　　同样的资质，同样的努力，为什么你却得不到同样的回报？因为每个生命都有自己的时区。就好比玉兰在初春吐蕊，桃花在四月绽放，菊花在金秋灿烂，蜡梅在冬月开花，还有一些花，一年四季都能绽放。你要清楚，自己究竟是玉兰，是桃花，是菊花，还是梅花。安然做自己，不要去羡慕别人的成就。因为在自己的时区里，每个人都各有精彩。只要你努力，上天自有安排。不要去追赶别人的脚步，要按照自己的节奏，闯出自己的天地。你要做的只是找到自己的时区，努力耕耘，然后等待梦想的种子发芽开花。

7. 一切都是最好的安排

（1）

迪士尼又翻拍了经典电影《美女与野兽》。

高傲的王子因为拒绝丑陋的老太婆借宿，而被巫婆施了魔法，变成了野兽。只有在一朵玫瑰花的最后一片花瓣凋谢之前跟一个人相爱，这个魔咒才会被解除。反之，他和他的仆人将永远不能变回人形。

女主角贝儿生活在一个偏僻的小山村里，她热爱读书，渴望有一天能走出去，看看外面的世界。

村里最自以为是的加斯顿十分垂涎贝儿的美貌，对她穷追不舍。

一天晚上，贝儿的父亲无意间闯入了王子的城堡，为了给贝儿带一朵玫瑰花回去，他被王子囚禁起来了。贝儿闻讯而来，替换父亲做了王子的阶下囚。

城堡里被变成家具的仆人们好像看到了希望，使劲儿撮合王子和贝儿。没想到，两人互相看不惯。贝儿试图逃跑时，遭遇了狼群袭击，王子挺身而出，救出了贝儿。两人暗生情愫。

当发现贝儿被抢走时，疯狂的加斯顿带着村民来到了城堡，准备杀死野兽。

在激战过程中，贝儿发现自己爱上了野兽。濒死的野兽听到贝儿的表白，恢复成了人形，城堡里所有的人和物也都恢复了原状。

如果没有变成野兽，王子就不会遇到贝儿，如果贝儿没有替父入狱，就不会有机会接近他，更不会爱上野兽的身躯里那个温文尔雅的灵魂。

一切都是最好的安排。

（2）

我想起我的朋友大海。

大海才思敏捷，能言善辩，为人和善，现在是某市的高官。因为性格豪爽，交友广阔，他的朋友遍布全国。

看着他现在意气风发的样子，你绝对想象不到他小时候的凄惨命运。

他十岁那年，母亲去世，十七岁那年，父亲因卷入一场冤案而远走他乡，从此隐姓埋名，再也没有回来过。

他上面有两个哥哥，都已娶妻。母亲去世时，曾嘱咐哥哥和嫂子，要好好待他。但无奈两个哥哥在家都做不了主，就连一双像样的鞋也没给他买过。

自从母亲去世后，他便开始一个人生活，一个人洗衣做饭，独自迎接生活的风霜刀剑，独自面对人情冷暖。后来，他在写作上的才华使他崭露头角。靠着写作，他一步步走到了今天这个位置。

见他如今春风得意，他的哥哥嫂子常常向他示好，而他似乎也忘记了过去的不快，毕竟，正是他们的冷眼相待，才使得他更加努力，以至于有了今天。

说起过去的那些事，他云淡风轻："一切都是最好的安排。没有过去的时光，就没有现在的我。"

是啊，一切都是最好的安排。

如果没有哥哥和嫂子的冷眼，或许他永远都学不会自立；如果没有生活的困苦和凄惨，或许他不会对如今的幸福生活知足感恩；如果没有孑然一身的寂寞，他如何能看得了那么多的书，如何能有写作的才华，又如何会得到现在的一切？

（3）

听过这样一个故事。

从前有一位国王，特别信任自己的宰相，但凡出门都会带着他。宰相智慧豁达，有一句口头禅："一切都是最好的安排。"

一天，国王带着宰相和侍卫们外出狩猎。途中，国王击中了一头狮子。他以为狮子死了，便兴高采烈地过去看。没想到，狮子只是受了伤，并没有死，愤怒地向国王冲了过来。

侍卫们与狮子奋力搏斗，救出了国王。国王虽然命保住了，但是却因为手指受伤而落下了残疾。宰相在旁边拊掌感叹："一切都是最好的安排。"

国王一怒之下，把宰相关进了监狱。

伤好后，国王又想出去玩儿。往日他都会带着宰相，但一想到宰相上次说的话，他便赌气自己一个人外出了。没想到，他在森林里迷了路，遇到了野人。野人见他细皮嫩肉，想把他捆了祭神。但最后却发现，他的小指残缺。野人无奈，只好放了他，因为拿身体残缺的人祭神是对神的不敬。

侥幸躲过一劫的国王回到皇宫后，让人把宰相放了出来，对他说："我今天才体会到什么叫'一切都是最好的安排'了。我因为小指残缺躲过一劫，这确实是一种幸运，不过，你因为一句话被囚禁了一个月，这又该怎么解释呢？"宰相跪地磕头："臣跪谢救命之恩，若不是您让我入狱，我一定会陪您外出。若野人看到您手指残缺，那么被拿去祭神的，将是臣下。所以，臣谢陛下救命之恩。"

国王不禁莞尔，觉得确实是这么个道理：一切都是最好的安排。

（4）

古语云："祸兮，福之所倚；福兮，祸之所伏。"

有时候，看来你是吃亏了，但实际上你得到了一些东西，有时候，看起来你占便宜了，但实际上你吃了大亏。

世界上没有绝对的坏事，也没有绝对的好事。当你从厄运中一步步走出来之后，你就会发现，如果没有吃过这些苦，你便不会珍惜如今的甜，如果不曾被踩在脚下，你便不能理解被踩的那个人有多痛苦，如果不曾被背叛过，你便不知道忠诚和信任意味着什么。

如果你现在正处于低潮期，那么，不要沮丧，请默默坚持，加倍努力。上天看得到你的努力，绝不会辜负每一个朝着梦想拼命追逐的人。

要相信，一切都是最好的安排。

第十六章

扼住命运的咽喉，演奏出自己命运的绝响

所谓绝境，不过是逼你走正确的路

1. 不甘平庸的人，大都活得低调

（1）

多年前，我无意中看了某电视台的一期相亲节目，恰逢一个男嘉宾闹了一场乌龙。

该男嘉宾瘦弱矮小，长相猥琐，但却一副胸有成竹的样子。他刚上台时，并未引起女嘉宾的关注。

主持人大致介绍了他的个人情况，随后让他作自我介绍。

男嘉宾信心满满，眯着小眼睛傲视全场。他自称热爱唱歌，隔三岔五就要填词作曲，创作歌曲。他自觉才华横溢，更是扬言要"超越李宗盛，拯救华语乐坛，成为世界第一"。

此言既出，现场一片哗然。在场的所有嘉宾和导师都愣住了，连电视机前的我也开始充满期待：这个貌不惊人的男嘉宾究竟有怎样超群的才华，才敢如此在大庭广众之下口出狂言？

当他一脸陶醉、五音不全地唱出自己写的歌时，台下所有的观众才慢慢回过神来，而后笑得前仰后合，由刚才的崇拜变成了不屑。

他仿佛没有听出大家的笑声里面全是嘲笑，依旧自信地站在台上，自说自话地坚持表达自己的理想。如果我是他，真恨不得在地上找一条缝隙，然后钻进去。

他却毫不在意，一脸郑重地告诉大家："你们笑是因为你们欣赏不了我的才华，但不能证明我没有才华。"

在接下来的环节里，他表示他很勤奋，只是没遇见自己的伯乐。但当主持人问起他从事什么行业，做什么工作时，他的眼神黯淡了下来，还有些不自在，支支吾吾地说："我没有固定工作，但以后一定会功成名就……"在他回答主持人的问题时，现场观众才得知：他现在还和父母住在一起，要依靠父母养活，他没有上过一天班，每天想着如何实现自己的音乐梦想。

他为自己辩解说，自己以后肯定会超越李宗盛的，大家应该把眼光放长远一些。

所有女嘉宾的脸上都是鄙夷的神情。果不其然，在第一轮亮灯环节，他的灯便全部被灭了。

一个快三十岁的人，没有工作，没有收入，没有责任感，还狂妄至极，要求未来的妻子支持他继续创作音乐，继续这样的生活方式，这样的人谁敢要？

当所有的女嘉宾全部灭灯后，他竟然还说："中国有十四亿人呢，会有成千上万的好女人选择我的。”

外表有多狂妄，内心就有多可怜，他并不知道，在别人眼里，他只不过是个“奇葩”。

（2）

上高中前，我曾听说过市高考状元王保的故事。

王保是我的师兄，进入高三时，新接手的班主任为了激励大家的学习热情，让班上的每个同学讲讲自己的志愿。

每个人都豪情万丈，站起来慷慨激昂地讲述自己的梦想，唯有外号“小个儿”的男生王保，羞红了脸，站起来，不卑不亢地说：“能考上大学再说。”

说完，他就坐下来自顾自地看书。

当然，班主任批评了他一通，说他胸无大志，连梦想都不敢说，怎么能考上大学呢？

在学生眼里，老师是绝对的权威，内向的王保自然不敢辩驳。

王保是班上最不起眼的农村孩子，因为个子小，总是被安排在第一排的最右边。高中时期，别人换了好多次座位，只有他一次都没换过。

高一高二时，王保成绩中等。当时，能考上大学的学生比例特别低，中等生想考大学几乎是不可能的事情，所以，老师的注意力往往被差生和尖子生所吸引（老师担心差生捣乱，影响尖子生学习），自然很少关注他。

王保像一株野草，到了高三下学期，不知为什么开始疯长。期中考试时，原本排名并不靠前的他，一下进入了全校前一百名。

当时老师觉得他只是运气好，并没有意识到他的转变。但第一次模拟考试时，王保的成绩进了全校前十，第二次模拟考试时有所回落。终于，在当年的高考中，王保一举夺得全校第一的桂冠，成了那年的全市理科高考状元，也顺利考入了北京的名校，成了那一届考生中的一匹大黑马，让所有人都目瞪口呆。

多年之后，在同学聚会上，我们又见到了他，众人都赞扬他当年的低调和"华丽逆袭"。

他却微微一笑，说："梦想，谁没有啊。但梦想就像内裤，不能拿出来到处给人看，你自己记住就行了。"

内心越是不甘平庸，外表就越是要波澜不惊，这样你才能心无旁骛，不被外界干扰，脚踏实地，一步一个脚印地迈向成功。

（3）

每个人都有自己的梦想，大小不一，方向各异。

没有谁自甘平庸，只想随波逐流，做一个虾兵蟹将。每个人都想有一番大作为。

有人想成为科学家，有人想成为画家，有人想成为教育家，这些梦想都值得追求。但无论你有多大的梦想、多好的愿景，都要慢慢学着闭上自己的嘴，埋头苦干，流你该流的汗，做你该做的功课，一步一步地丈量通往未来的路。

社会是个大染缸，你越是高举理想的旗帜，高喊口号，昂首阔步地往前走，就越是容易被打击，被嘲笑，被嫉妒，被误解，被使绊儿，这或多或少都会影响到你的速度和心情，最终会影响你的正常发挥，影响你想要达成的效果。

梦想绝对是个好东西，但不要轻易说出来，因为恶魔会听到，会给你制造很多无端的障碍，让你迷失心智，遮蔽你的心神，让你忘记初衷，忘记方向。

老子《道德经》有云："合抱之木，生于毫末；九层之台，起于垒土；千里之行，始于足下。"荀子《劝学》有云："不积跬步，无以至千里；不积小流，无以成江海。"

你无须解释，也不用争辩，你的人生，本来就是你自己的，别人无从指摘，低调比高调安全，实干比空谈有效。

如果可以，请默默地坚持自己的梦想，不用去求得外界的支持和认同。你始终要明白，能给你提供最大支持的，只有你自己。心里越是不甘平庸，外表就越要波澜不惊，这样才能尽快达成目标。

2. 人活着，总要有一点奔头

（1）

京郊有一个志愿者团队，常年坚持在志愿一线，领队叫苦雨，是一个户外服装品牌的经营商。

多年前，他带家人去某景区游玩，见到很多游客随意扔垃圾，好好的景区变成了不堪入目的垃圾站，心里很不是滋味。

随后，他开始在网上发帖征集队友到景区去义务清理垃圾，没想到应者云集，大家纷纷表达了对不文明行为的不满。

那一次之后，他常常组织此类公益活动，从中找到了内心的快乐。后来人多了，说什么的都有，有人说他作秀，有人说他是形式主义，有人说他装，有人说他爱出风头，但苦雨都一笑置之。

多年来，他和众位志愿者到景区或者山上捡垃圾，去福利院陪伴孩子，到敬老院看护老人……他们把平常的日子过得如钻石一样闪闪发光。

随着参加活动的次数越来越多，志愿者们变得越来越热爱公益。他们也通过做公益，散发了更多的光和热，影响到了更多的人。

他们的事迹被《北京青年报》等媒体报道出来，甚至市级领导都对他们的行动表示支持。在一些节假日，竟然有市级领导跟他们一起去捡垃圾。现在，更多的人受他们的感召，踊跃地加入了志愿者团队，他们的团队越来越大。

生态是城市的脸面，没有生态，哪里还有诗歌和远方？

（2）

密友果儿家境不错，有一阵子，她常常受到家庭琐事的影响，很是闷闷不乐。

不知从什么时候起，她结识了很多热爱旅行的朋友，也经常跟着他们到处去旅行。家境殷实的她跟着旅行的队伍，不仅踏遍了祖国的大江南北，而且足迹遍及世界各地。

她经常在微信朋友圈分享一些美景和美食的照片：在太平洋看日落，在尼加拉瓜看瀑布，在柬埔寨体会异域文化，在墨西哥感受异国风情，去俄罗斯游红场，在拉斯维加斯逛赌场……在所有的照片里，她都笑容灿烂。

多年的游历让她的眼界变宽了，格局变大了，整个人仿佛脱胎换骨，从原来不断纠结柴米油盐的烦恼中完全跳了出来，跟之前判若两人。

虽然，她回来之后还是该买菜买菜，该做饭做饭，但是她的气场已经发生了翻天覆地的变化。遇事宽容，爱结善缘，凡事留余地，不钻牛角尖，所有的负能量都已经悄然远离她。

她说："古人说'读万卷书，行万里路'，果然没错。"

是旅行，激发了她内心的能量，让她遇到了更好的自己。

（3）

高晓松的《生活不止眼前的苟且》中有一句歌词："生活不止眼前的苟且，还有诗歌和远方的田野。"对于苦雨和他的众多志愿者伙伴而言，做公益就是他们的诗歌和远方，对于果儿来说，旅行就是她的诗歌和远方。

不是每个人都足够幸运，能将梦想和现实合二为一。

他是清洁工，但私底下特别爱看书，通过看书，他变得跟别的清洁工不一样了，他勤勉敬业，就连简陋的房子也收拾得非常整洁；她做了一辈子的营业员，但最爱的却是绘画，只有在绘画中，她才能找到真正的快乐；他是一名普通的职员，却总爱舞文弄墨，虽然知道自己成不了作家，但却能在文字里获得自由；她是老师，却热爱摄影，业余时间经常混迹于各种摄影团队中，虽然技术还有待提高，但那却是她最爱的事业。

　　"诗歌和远方"并不是什么高不可攀的事情，只要一件事情能让你浑身上下都充满正能量，能让你焕发出真正的神采，能让你擦干眼泪，能让你摆脱苦闷和困境，能让你浑然忘我，越活越通透，能让你变得积极向上，那么，它就是你的诗歌和远方。

　　你此生所向，就是找到你自己的诗歌和远方，然后去热爱它。

　　如果你喜欢烹饪，那么就好好热爱厨房，厨艺就是你的诗歌和远方；如果你喜欢植物，那么就把你的小家装扮成植物的天堂，那些植物就是你的诗歌和远方；如果你喜欢唱歌，只要不妨碍其他人，就尽情地去唱，那里面藏着你的诗歌和远方；如果你喜欢绣十字绣，只要能确保颈椎和眼睛的健康，那么就尽情去绣，它就是你的诗歌和远方……

　　不要抱怨生活无趣，不要混入是非圈子，不要总怨天尤人，不要总惆怅悔恨，找到你的诗歌和远方并热爱它，你一定能找到完全不同的自己，闪闪发亮的自己。

3. 千万不要用努力感动你自己

（1）

我的前同事韬最近可谓好运连连，先是考取了经济师职称，后竞聘主管成功。大家起哄让他请客，他就一口答应了。

去年一整年，韬好像走了背字，先是接连考了两次公务员都没考上，后来竞聘主管也没成功，最后，他宣布放弃公务员考试，一心在企业发展。

彼时，周围的朋友都知道他特别努力，纷纷替他惋惜。他却笑着说："有什么好惋惜的？谁说努力了就一定能考上？谁又保证你努力了就能竞聘得上？"

韬的确很努力。性格踏实沉稳的他，每天给自己布置了复习任务，业余时间被塞得满满当当。在同龄人泡酒吧的时候，在人家约会的时候，他还在为梦想而努力。

他母亲坚信公务员就是"铁饭碗"，他只好顺从母亲的意愿，努力去考公务员。两次笔试他都是第一名，但是在面试时，却被嫌弃个头太矮、形象不好，没被录用。他想竞聘公司的主管，但是因为前任主管早已经有了人选，所以他总是落选。

在饭桌上，当大家祝贺他时，他说："当初考公务员，是为了圆母亲的梦。笔试过了，证明我努力过了。但面试总通不过，说明我不适合走那条路。再说了，努力本身不值得夸奖，谁都应该努力，因为你做的都是你应该做的事情，不管结果是好是坏，你都要独自承受。但是结果没有出来之前，请别把努力本身当成荣耀。你成功了，你的经验可以被别人借鉴，你失败了，你的经历就是前车之鉴。"

（2）

前段时间，好朋友慧辛苦准备了三个月的策划方案被毙掉了，她都快疯了。

在公司的讨论会上，老总说话毫不留情，将她的方案贬得一无是处，还骂她耽误了工作进度，慧的眼泪当场就落下来了。慧的主管试图为慧说好话，也被骂得狗血淋头。

几个月来，为了做出一份完美的方案，慧真是拼了。

先是做市场调研，白天顶着大太阳，到附近的小区里找人帮着填表格；晚上回家还要翻看相关专业书籍，上网查找各类资料，就连周末也都牺牲掉，完全献给了工作。

但还是失败了。因为缺乏跟客户的有效沟通，慧的方案跟客户的要求相去甚远。

老总毫不客气地说："努力很重要，但结果更重要。公司追求效益，只看结果。方案不行，还要重新策划，这就耽误了工作进度。"

慧一把鼻涕一把泪地向我诉苦："我没有功劳也有苦劳吧，至于发这么大火吗？"

我不知道该怎么劝她。过去，我们总是说"没有功劳，还有苦劳"，但是那种日子早过去了。现在就是看结果的年代，对谁都一样。父母可以肯定你的努力过程，但是企业看的一定是结果。如果所有的企业都只看重过程的话，那么就没有什么效益可言了。

（3）

有一段时间，我关掉手机，不与任何人联系，天天把自己关在房间里，每天写两千字文章，看一本书，不断聚积属于我自己的能量。每天坚持一点点，是我的坚持，也是我的任性。

偶尔翻微信，看到一些很少在朋友圈发状态的人，也开始有一些小小的变化：有人每天发健身时的照片，有人每天发练字读书的照片，有人抱怨写剧本很难，有人炫耀自己工作很努力……而我什么都不想说，只想远离人群和喧哗，让手脚更贴近心的位置，向着心所指的方向，一点点沉下去，做自己喜欢做的事情，不浮躁，不功利。

努力只代表你在做自己该做的事情，既然是你该做的事情，为何要去炫耀呢？懂你的人，你不用跟他炫耀，不懂你的人，炫耀也无益。

我知道，这种沉默，迟早有一天会带我去我想去的远方。

每个人都该学会少说多做，因为努力本身并不值得炫耀。

（4）

这是个很现实的世界，很多人只看结果，不看你努力拼搏的过程有多辛苦。

努力的过程，对于我们自己很重要，但对于他人则无足轻重。

他们只在乎你考上了没有，升职了没有，加薪了没有，并不在乎你之前付出了多少努力。

在一切尚未水落石出之前，请保持你高贵的沉默。

鲁迅先生曾说过："不在沉默中爆发，就在沉默中灭亡。"

沉默是个分界线，一边通往宁静和死寂，一边通往鲜花和掌声。不是所有的沉默最后都能开出美丽的花朵来，但所有美丽的花朵都来自沉默的积淀，来自沉默的成长。

种子破土时是沉默的，柳树发芽时是沉默的，狼群围狩羊群的时候是沉默的，梦想在绽放时是沉默的。

很多人都是在沉默中聚集起了强大的爆发力。

总有一段时光，需要你孤独沉默着走过，内心深藏着理想一路向前。

要想实现梦想，就请自觉地关上通往繁华世界的门，把不多的时间全部用在自己的事业上，比如，搭建一所房子，铺筑一条小路，开垦一个菜园，开发一套程序，建造一个属于自己的王国。

你必须全神贯注、心无旁骛，才能看到滴水穿石的效果。

我们的生活中充满了种种诱惑，有电视、网络，有狐朋狗友，有酒局饭场，有家庭琐事，任何事情都有可能把你从你热爱的事业中拽出来。

成功，说白了，就是寂寞熬出的汤。

只有你自己知道，你在熬什么。要想熬一锅汤给所有人喝，你绝不能声张，因为可能会被嘲笑、被质疑、被鄙视，可能会有种种干扰。你要耐心十足，加足汤料，文火慢炖。最后，你熬的这锅汤将既有味道又有营养，它的香味会飘到万里之外，被所有的人闻到。

努力本身不值得夸耀，努力后的成果，才值得自豪。

4.弱者才去逞强，强者都懂示弱

（1）

一天晚上，跟一帮朋友去烧烤摊吃夜宵，偶遇了一场闹剧。

那是典型的北方的大排档，晚上生意很红火，几乎是桌子挨着桌子，椅子靠着椅子，大家都吃得热火朝天。

突然，不知道什么原因，有两桌人吵了起来，一时间剑拔弩张。

一桌人看起来像是社会混混，大都光着膀子，有纹身，还戴着金链子，而另一桌人，则男女各半，多数戴着眼镜，穿着整洁的衬衫，显得斯文儒雅。

原来，第一桌的人起身敬酒，不小心踩到了另一桌人的脚，但没有道歉。这边的小伙子有些生气，嘀咕了几句，却被第一桌人听到了，他们仗着人多势众，开始不依不饶。

刚争执了两句，第一桌的人就呼啦一下全站了起来，其中一个仰着头走过来，一脸嚣张地说："怎样？不服啊？是不是想打架？"

另外一桌人中，有个年轻人想往前冲，但是被一位长者制止了。那长者笑着说："对不起啊，我们换地儿。"

说完，他嘱咐一个人结账，然后带头径直走了。

混混们觉得很有面子，环视一圈，哈哈大笑，冲着刚离开的那群人一通奚落："不敢打架是吧？一群怂包！"

突然，我觉得他们很可怜。只有肤浅的人，才会觉得在众人面前逞强是一种胜利。

后来，一个混混从洗手间冲了出来，低声说了几句话后，那一桌的人纷纷起身，结账走了。

我很是好奇，不禁问了一下过来上菜的服务员，这才知道，那位长者以前其实是当地很有影响力的人物，但在这种场合，他不愿逞匹夫之勇。

混混们听到他的名字后，就赶紧撤了，怕再生事端。

朋友不失时机地说："弱者才逞强斗狠，真正的强者从来都是示弱。"

深以为然。

（2）

小时候，我家有了新邻居，我们都管那家的男人叫王叔。

王叔一副白白净净的样子，见谁都客客气气。经常在街上看到他一边提着公文包，一边拎着菜，一脸和气地跟遇到的熟人打招呼。

老邻居们私下聊天，都说他不仅天天下厨做饭，干家务活，还经常给老婆买衣服，买首饰，肯定是特别怕老婆。

他的老婆确实强势凶悍，像个母老虎。但王叔却平易近人，十分好说话。大家都喜欢跟王叔交往，反而有些看不上他老婆。

街上的男人都觉得王叔有些丢男人的份儿，相熟之后，都笑话他是"妻管严"。王叔笑笑，并不解释。

女人们都羡慕他老婆打扮入时、备受宠爱，纷纷猜测王叔是靠老婆起家的。

直到有一次，一个街坊到政府办事，才知道王叔是某个重要部门的领导，而他的妻子不过是一名普通的老师。王叔的出身比他妻子不知要好多少倍。

后来，大家纷纷向他讨教，他却笑着说："不要因为职位高而有优越感，家庭和睦才是最关键的。"

从此以后，街上再也没有人说王叔的闲话，女人们则对自己的丈夫恨铁不成钢。男人越是有本事，越是没脾气。

强者往往会示弱，这不仅仅是一种涵养，更是难得的人生智慧。

（3）

想必大家都听说过"负荆请罪"的故事。

春秋战国时期，蔺相如因为随赵王出使秦国，凭借着过人的胆识和三寸不烂之舌，终于"完璧归赵"，赢得了赵王的信任，被封为上卿，职位比大将军廉颇还要高。

屡立战功的廉颇当然很不服气："我廉颇攻无不克，战无不胜，立下了汗马功劳。他蔺相如有什么能耐，就靠一张嘴，反而爬到我头上去了。如果我碰见了他，非要让他下不了台！"

这话传到了蔺相如耳朵里，蔺相如就请病假不上朝，免得跟廉颇见面。

有一天，蔺相如坐车出去，远远看见廉颇骑着高头大马过来了，他赶紧叫车夫把车往回赶。

蔺相如手下的人可受不了了。他们纷纷找到蔺相如："为什么要怕那一介武夫呢？太丢人了！"

蔺相如对他们说："诸位请想一想，廉将军和秦王比，谁更厉害？"

他们说："当然是秦王厉害！"

蔺相如说："秦王我都不怕，难道会怕廉将军吗？大家知道，秦王不敢进攻我们赵国，就因为武有廉颇，文有蔺相如。如果我们俩闹不和，就会削弱赵国的力量，秦国必然乘机来攻打我们。我之所以避着廉将军，为的是我们赵国啊！"

蔺相如的话传到了廉颇的耳朵里。廉颇静下心来想了想，觉得自己为了争一口气，就不顾国家的利益，真不应该。于是，他脱下战袍，背上荆条，到蔺相如府上请罪。蔺相如见廉颇前来请罪，连忙热情地出来迎接。从此以后，他们俩成了好朋友，同心协力保卫赵国。

强者往往识大体，有大智慧，绝对不会逞一时之勇。

示弱的未必是弱者，而逞强的未必是强者。

（4）

从小，我们都被告知，要勇敢，要坚强，不能示弱，不能低头，但没有人告诉过我们，有些时候，我们必须懂得示弱，才能在人生的路上以退为进，走得更远。

无论在职场上、家庭里，还是在日常生活中，我们都要学会适当示弱，这样才能顾及面子，顾全大局，让你的人生更加精彩。懂得示弱的人才是真正的强者，他们不与别人争一时的长短，因为他们有足够的自信和智慧，他们不会在乎眼前的得失，因为他们懂得来日方长。

只有弱者才去逞强，强者都懂得示弱。

5. 优秀的人，从来不会输给情绪

（1）

小建再次愤而离职了。

小建是我朋友的表弟，我还曾帮他介绍过工作。后来，他跟同事打了一架，负气走人了，连欠他的工资都没要，还叫嚣："小爷不缺他们那点钱。"

小建大学毕业三年了，这期间，他换了好几份工作，每次离职都是因为脾气太大，跟人有了矛盾，一点儿都不能忍。他的名言是："哥是个有脾气的人。"

小建家境一般，父母都是普通工人，但是父母两边的大家族里，就他一个男孩。

所以，他从小就很受爷爷奶奶和姥姥姥爷的宠爱，也因此被惯坏了。想要什么，就得给买什么，想干什么，就一定要去干什么，调皮捣蛋，惹是生非，父母没少因为他到处求情告饶。平时稍有不顺心，他便暴跳如雷，撒泼打滚，家人也都惯着他："男孩子就得有点脾气，太软弱会被人欺负。"晃晃荡荡，他就高中毕业了，由于高考分数太低，父母只好拿钱让他上了个三本，希望他至少有个大学文凭。

混到大学毕业，小建向众人夸口一定会干出一番事业。

他的第一份工作是自己找的，在某公司做销售。销售苦啊，不仅风里来雨里去，还要看客户脸色，但是提成高，能迅速赚到第一桶金，这一点非常吸引刚毕业的小建。

刚满三个月，小建就撂挑子不干了，理由是某个客户总是提无理要求刁难他。在他离职后，父母才听说他是因为受不了总是要低三下四求客户才辞职的。从此，小建再也没找过市场销售的工作。

第二份工作是父母托人帮忙找的，在一家企业做内勤。有一次，因为弄错了一个小数点，小建被经理当众责骂，还扣了当月的绩效。脾气暴躁的他当众和经理翻脸，一怒之下再次辞职。

第三份工作是他的表姐委托我找的，在一家公司做库管。但刚满半年，由于跟经理顶嘴，他摔门而去，死活不再去上班了。他并不知道他的表姐为他道了多少歉。

眼下刚离职的是第四份工作，是亲戚帮着介绍的，在一家企业做企业文化。小建美滋滋地去了。但是在组织培训时，主管让他去订快餐，他生气了，对着主管大吼："我来这里不是为了给你订快餐的！"说完，又甩袖子走了人。

此后，他脾气大的名声传了出来，再也没有人帮他介绍工作，而他，也赖在家里，成为父母的一块心病。

脾气比本事大，注定了小建的职业生涯会比别人多一些坎坷磨难。

（2）

我前同事沐沐是个很有能力的人，最后也是折在了脾气不好上。

沐沐本是公司的销售新秀，在近一年里，她的销售业绩每月都有很大提升，别说部门经理对她百依百顺，就连主管销售的副总也得哄着她干活儿。在年终考核中，她又是冠军，刚好赶上部门副经理一职空缺，人事部经理就找她谈话。看样子，她很可能会被提升为部门副经理。

一次，有老同事好心帮着整理东西时，弄乱了她的办公桌。她发现自己整理好的报表被翻动过之后，瞬间大发雷霆，让大家震惊不已。

那个同事忙不迭地跟她道歉，却被她一顿挖苦讽刺，大意是说：没什么能耐，就指着端茶倒水巴结人，见人眉眼高低办事，十足一个马屁精。

老同事委屈得直掉眼泪，同事们纷纷走过来劝慰老同事，对她表示不满。

没想到，老总那天刚好经过，亲眼看见了沐沐说话时刁钻刻薄、趾高气扬的样子，紧皱着眉头离开了。

第二天，销售部晋升员工的名单下来了，却没有沐沐的名字。

沐沐气呼呼地来到人事部，想找人事部的经理问个究竟。人事部经理告诉她，她的工作年限不够。

沐沐不服气，又去找部门经理，部门经理避而不见。

后来，她索性直接去找总经理。她当然很有底气："怕什么，反正我的业绩很好。"

老总闭门不见，只让秘书带来了一句话："或许你是个好的销售员，但绝对不是个合格的管理者。等你慢慢学会了控制自己的脾气，才配得上领导的岗位。"

如果你的本事配不上你的脾气，请在培养本事的同时，慢慢学会控制你的脾气。否则，你的脾气将是你事业发展过程中潜藏的一枚炸弹，随时都可能爆炸。

（3）

我大学刚毕业时，英姐曾给我上过生动的一课。

我初进公司，是个新人，见公司同事都是一副盛气凌人的样子，也不敢多说话，每次都是一个人去餐厅吃饭。

我每次去餐厅，都是人最少的时候。

有一次，我看见一个人因为饭菜打少了而跟后厨吵起来，害得打饭的小妹直抹眼泪。

争执的过程中，一个大姐出来劝解，没想到也被发火的那位一通奚落，但她不气不恼，统统领受。劝走发火的那位之后，她又去安抚里面的小妹，直到那个小妹破涕为笑。

大姐笑容朴实，打了饭菜跟我坐在了一起。

见我面生，就跟我聊了起来。由于不在一个部门，我并不知她的身份。她耐心地给我介绍公司的各种制度，各种工作流程。

我把她当成知心姐姐，以为她也是个年纪稍大的新人，跟她讲了很多职场的困惑，她笑着给我一一释疑，并鼓励我，要好好学业务，好好学做人，千万不要让脾气大过本事。

等她走后，我从后厨小妹的嘴里听说，原来她是公司设计部总监，也是全公司最有本事、最没脾气的人。

她是科班出身，美术功底极好，在公司供职十几年，做到了设计部总监的位置，每年的设计大奖几乎都是她指导设计的，但是为人却特别谦和。

本事越大的人，越没有脾气。

（4）

年少时，我们往往意气风发，心比天高，发誓要闯出一番事业。但事实上，并非仅靠豪情壮志就能轻易成功。生活中有很多挫折、磨难、阻力、非议，这些都需要我们拿出智慧和耐心与之周旋，一一应对。但年轻人往往沉不住气，控制不住脾气，不想被管束，不想吃苦，害怕被看轻，害怕被斥责，殊不知，谁不是在这些零零碎碎的打击和磨炼下一步步走向成熟的呢？

天外有天，人外有人，先不论本事大小，请记住，学会控制自己的脾气是一种美德。

如果你还年轻，永远别让你的脾气比本事大。那些脾气大过本事的，最后都活成了笑话。有本事的人，往往最没有脾气。

有人误以为脾气就是个性，于是自以为是地逞强好胜。实际上，脾气是这个世界上最没用的东西，千万不要拿它当宝贝。与它为伍，你只能丢盔卸甲，惨败而归。

大智者必谦和，大善者必宽容，唯有爱耍小聪明的人才张牙舞爪，咄咄逼人。管好你的脾气，才能好好发挥你的本事，才能好好经营自己的一生。

6. 愿你一生都过得热气腾腾

　　小香玉不仅是明星偶像，还是个醉心于教育事业的教育家。她分别于1995年、2001年和2010年在山西和北京等各地办学。之前，我对她的印象还停留在豫剧《拷红》中的红娘一角，自从得知她积极办学的事迹之后，我对她又爱又敬。

　　有一次，在电视节目《角儿来了》现场，鞠萍、于文华和范军等明星嘉宾及学校老师纷纷夸赞小香玉是个"自带小太阳的发电器"，说她关照着她的老师们、引导着她的朋友们、影响着她的学生们。听完了她的故事，现场的观众一片赞叹之声。

　　她是个热爱自己的人，将人生过得热气腾腾。

　　我的笔友彩桥，早年丧母，后来父亲又重新组建家庭，她只能投靠叔叔。幼时的苦难并未打倒她，而是让她越来越强大。成年后，她成了一名老师，业余时间里喜欢写作。由于擅长沟通，善于发现新题材，她成了《知音》等知名刊物的专业写手。同时，他还做起了某保健品的微商，她用自己火热的性格将冰冷的人生经营得热气腾腾。

我家里的钟点工小魏，是从四川远嫁来此的外地人。她当年年轻懵懂，嫁给了一个疯子，又先后生下两个儿子。丈夫时不时犯病，折腾着本就穷困潦倒的家庭。两个儿子嗷嗷待哺，耗尽了家里所有的财物。她没有一日不生活在水深火热之中，但她并没有向命运缴械投降，而是毅然与之抗争：帮人织毛衣，做保洁，她用双手托起了自己的人生；教育儿子，孝敬老人，她同样将日子过得热气腾腾。

楠姨退休后活得很充实：含饴弄孙，练书法，学绘画，去孤儿院看望孩子，拿出不多的退休金资助山区失学儿童……她依然发挥着自己的光和热，将老年生活过得热气腾腾。

这个世界上有很多种角色：有人负责看戏，有人负责演戏，有人负责精神建设，有人负责物质创造，有人负责宏观设计，有人负责具体执行……不要因为你的职业而羞愧，也不要因为你的工作而自卑，不管你是谁，都要找好自己的定位，活出你自己特有的温度。

实际上，不少人一直过得死气沉沉：年轻时浑浑噩噩、迷茫无助，中年时一事无成、满腹牢骚，年迈时倚老卖老、众叛亲离。他们早死于少年或中年，不过是葬在老年而已。

死有死的归宿，或归于尘土，或归于大海，灵魂无所依附也未可知。但活着一定要有活着的姿态。生机勃勃，热气腾腾，才不枉你父母养你一场，不枉来世上走此一遭。

将生活过得热气腾腾，这是一种积极乐观、勇敢无畏的人生态度。生命给了你一场又一场的灾难，你却拿它们来磨炼自己，生命用一场又一场大火来炙烤你，你却能一次次浴火重生。

我们总要不断向前，如果此路不通，我们就另寻出路，或逢山开路，或遇水搭桥，将人生之路走成通天大道。

不管你年龄有多大，干什么工作，拿多少薪水，有怎样的际遇，都愿你有酒喝，有人爱，有梦想可追，有天涯想去。

愿你一生都过得热气腾腾。

7. 幸福都是奋斗出来的

（1）

好友芦溪跟我讲过她的故事。

她出身贫寒，家中有三个孩子，她排行老二。上面有姐姐，下面有弟弟，她是"夹心饼干"里最不受欢迎的那个中间层。

父亲经常说，本来以为第二个孩子能是个儿子，没想到还是个丫头，要不然，何至于要养三个孩子。

芦溪长得又黑又小，不像姐姐和弟弟那样遗传了父亲清秀的相貌，所以自小被父亲嫌弃，被姐姐呼来喝去，又被弟弟欺负。就连亲戚邻居都莫名地嫌弃她，从来不给她笑脸。

她经常安静地躲在角落里，羡慕地看着姐姐和弟弟，觉得自己是个多余的人。

唯有母亲更偏爱她一点，别人派给她的活儿，母亲都会偷偷地接过去，帮她做好。

　　她小时候很喜欢看书、写日记。虽然书经常会被姐姐拿走，日记会被弟弟抢去偷看，但母亲一直鼓励她，攒钱给她买书，给她空出写日记的时间。

　　上学后，她彻底找到了自己的价值所在，因为她的成绩永远是全班第一名，姐姐和弟弟怎么追也追不上。

　　也就是因为成绩好，父亲对她的态度有了变化，因为每次去开家长会，都有一大帮家长围着他，向他讨教教育孩子的秘诀，他觉得脸上有光。他每次都慷慨激昂地向家长们介绍经验，介绍自己是如何督促她学习，又如何指导她写作业的。每当看到父亲口若悬河的样子，芦溪就备受鼓舞，自此以后也更加努力。因为她发现，只要自己变得优秀了，就可以赢得父亲的喜欢。

　　后来，果然不出所料，姐弟三人中，就只有她考上了大学。姐姐因为早恋被迫辍学，弟弟则因为不爱学习早早就辍学打工去了。

　　本来毫不起眼的一个家庭，因为出了个大学生而闻名乡里。她在家中的地位从此大变，就连一向对她冷眼相待的亲戚，也一个个全变了脸色，一副"与有荣焉"的样子，见了她就不停地恭维："我就说嘛，一看就是能成大事的人。"

　　回想起过去，芦溪低头直笑："有时候，家人也会显出势利的一面。只有自己强大，才是硬道理，否则，我永远只是个'小豆芽'，连自己的家人都嫌弃。"

（2）

阿勇在接手家族企业之前，不仅天天花天酒地，而且特爱吹牛显摆。

阿勇家里颇有些资产，父母经营着一家小企业，他也很有纨绔子弟的作风，总是爱拿父母的钱到处请人吃喝玩乐，在朋友中以仗义著称。

当然，也有很多人看不惯他。

后来，家道中落，父母的企业开始走下坡路，阿勇却浑然不知，依旧我行我素。每次喝完酒，他就跟别人炫耀自己认识一些"大人物"。

有一次，他又在饭局上跟一众朋友吹嘘自己认识某某，刚好，那个人就坐在旁边一桌。朋友们就怂恿他："如果你真认识某某，何不给大家引荐一下。"

阿勇趁着酒劲儿，果真端着酒杯走了过去，但他还没走到那个人身边，就被一个助理模样的人拦下了。无论他怎么解释，助理都不肯让他过去。

后来，阿勇的吵闹声引起了那个人的注意。没想到，阿勇父母正好欠那个人钱，他就对阿勇好一顿冷嘲热讽。

阿勇这才知道，父母的厂子早就是个空架子了，不由得羞愧难当。

后来，熟悉阿勇的人都听说了这件糗事，就逐渐疏远了他。他痛定思痛，发誓要替家里人争口气。

他接手了父母的企业，开始从生产一线做起。凭借着能吃苦、敢闯荡、好交际的个性，他什么都干，跑订单，抓生产，促管理，三年的卧薪尝胆，竟然让家族企业起死回生。

他再也不是当年的阿勇了。那些曾经耻笑过他的人闻风而动，纷纷前来拜访他，这其中也包括当年那些羞辱过他的人。

回忆起过去，他说："虽然很多人曾在我落难的时候落井下石，但我不怨恨他们。人生就是这样，当你什么也不是的时候，谁也不认识你。经常把一些所谓的'大人物'挂在嘴边，无非是虚荣心理作祟。只有当你真正变得强大起来，你才会被大家所接受。在你变得强大之前，还是闭嘴吧。你认识那些'大人物'又有什么用？"

自己不强大，认识谁也没用！只有真正付出努力，你才能脱胎换骨。

（3）

每个名人都有一部属于自己的奋斗史，每一篇每一章都向世人昭示着一个道理：要想获得别人的认可，自己必须强大起来。

二十世纪七十年代，在一个豪华大酒店里，有个洗车的小弟帮着清洗完一辆劳斯莱斯之后，忍不住摸了一把方向盘。但没想到，这一幕刚好被领班看到了，领班上前打了他一巴掌后，又是一通羞辱："你这一辈子都买不起这样的车。"

洗车小弟捂着被打红的脸，发誓一定要混出个样子来，以后就要买这样的车给他看。

这个洗车小弟叫周润发，这是他的第五份工作。

他后来的故事，想必大家都知道了。他遇到了香港演艺圈的"大哥大"狄龙，开启了人生的新篇章。

成名之后，他一口气买了五辆车，其中就有一辆豪华版劳斯莱斯。他开车带着母亲，特意到那家酒店转了一圈。当年的领班看到此情此景，惊得目瞪口呆。

当你变得强大起来，全世界都会为你让路。

人生旅途中，大家都在忙着认识各种人，以为这样能让生命变得更丰富。但最有价值的遇见，是在某一瞬间，重新遇见了自己。那一刻，你才会懂得，所有的探索，也不过是为了找到一条回归内心的路。

不要抱怨工作不好，不要抱怨别人看不起你，除了你自己，谁都帮不了你，只有你才能拯救自己。只有你强大起来，才能堵住众人的悠悠之口，只要你强大起来，就会成为自己的品牌。

8. 你想成为蒋方舟，还是徐静蕾

（1）

前段时间，徐静蕾和蒋方舟同时参加《圆桌派》访谈节目的视频火了，也引发了关于"女人到底该怎么活"的热议。

1974年出生的徐静蕾自小生活优渥，衣食无忧，长大后更是凭借出众的才华成了跨界名人，绯闻男友若干，也都是知名人物，与黄立行恋爱数年却坚持不婚。她在节目中华丽丽地丢出一句"我从来不在乎男人怎么看我"，让我等汗颜，而1989年出生的蒋方舟却略显焦虑，坦承在两性市场上自己处于被挑选的位置。

随后，有人开始追捧徐静蕾，觉得女人就应该像徐静蕾那样。

也许每个人都想活成徐静蕾，但最后却活成了蒋方舟，也许每个人都曾是蒋方舟，最后却变成了徐静蕾。

那么，作为现代女性，到底该怎么活呢?

（2）

宁是一位钢琴老师，不仅人长得漂亮，气质超群，还非常有才华，是中央音乐学院的高才生，上学期间就已经赢得了国内外音乐作曲方面的很多奖项。

除了在学校上课，她还参与了很多别的项目，如给电影配乐，做音乐剧，教授徒弟，等等。

其实，仅仅靠颜值和才华，她就可以肆意地挥霍人生了，可她偏偏还很居家，烧得一手好菜。更让人意想不到的是，这样一个近乎完美的人，最大的梦想居然是做一名家庭主妇!

她情意绵绵地憧憬着有一天能遇到真爱，相夫教子，好好地过逍遥日子。什么工作啊，事业啊，在家庭面前，统统都要靠边站。

这简直是暴殄天物! 但，这就是她的梦想。

她说："我也算看尽繁华了，在最该努力的年纪，努力奋斗过，在应该结婚生子的年纪，我当然要做个贤妻良母啊，这也是另一种成功。"

（3）

　　我的好朋友路是一个典型的职场女性，不折不扣的"白骨精"，在一家上市公司做财务。

　　在单亲家庭长大的她，曾亲眼看见一心为家庭付出的母亲被父亲抛弃的全过程，她发誓，无论如何，都不会为了男人丢掉事业。

　　在上一段婚姻中，由于她不肯放弃出国进修的机会，且时时以事业为重，不愿意生孩子，这让打心眼里喜欢孩子的前夫只得黯然提出离婚。

　　离婚后，她依旧活得明丽张扬，丝毫不受影响，不但为自己买了房、买了车，还常常组织一帮朋友到处旅行。

　　她认为，男人不会爱你一辈子，但事业会，男人不会为你养老，但事业会。唯有事业才能拯救女人，千万不要因为男人和家庭而放弃自己的事业。

　　她的梦想是自己老的时候能用自己赚的钱去周游世界，在哪里死了，就葬在哪里。

　　有人笑她是个女权主义者，她也笑着说："谁也没有规定说女人一定要活成什么样子，如果女权主义能让我有安全感，那我就是个女权主义者。"

（4）

宁和路是两个典型的例子。

如果两人有一天相识的话，路一定会对宁恨铁不成钢："做家庭主妇有什么好？整天围着老公孩子转有什么意思？明明可以活得灿烂精彩，为什么却要囿于厨房？"而宁看到路，可能也会觉得不屑："你是个没有家庭没有爱的工作狂，我才不要活成你那样。"

两个人都活得很独立，也都很清楚自己想要什么样的生活。不像有些人，对待工作敷衍了事，想找个人嫁掉，却又害怕遇人不淑，害怕面对生活琐碎，也害怕承担责任；而另一些人，虽然已经结婚，但对婚姻一腔仇恨，虽然常常励志说"不做黄脸婆，要从家庭中走出来，活成自己想要的样子"，但却迟迟不敢迈出第一步，一生都活得别别扭扭。

其实，不怕你有想法，只怕你只说不做，不仅对自己想要什么一无所知，还总是羡慕别人的生活。

女人最佳的状态，是既做得了贤妻良母，又做得了职场丽人，但"世间安得双全法，不负如来不负卿"。

甘蔗往往不会两头都甜，甜了一头，势必会苦了另一头。如果你想兼顾事业和家庭，那么不好意思，你要付出双倍努力才行。

（5）

"女人到底该怎么活"是近年来一直争论不休的话题。

有人说，家庭才是女人的舞台，否则人类的繁衍就无法继续，女人就应该把家庭经营得温情四溢，把儿女培养成栋梁之材。有人说，"谁说女子不如男"，女人照样能建功立业，所以，有人活成了吴仪，有人活成了董明珠。

其实，做贤妻良母也好，做职场丽人也罢，一切都取决于你的价值观。而你的价值观，又深受你的家庭背景和教育背景等的影响。生活方式和角色定位，没有好与不好之分，只有适合不适合之说。各得自在，才是人生最美的状态。价值观应该是多元的，"一枝独秀不是春，万紫千红春满园"。

好女人的标准，绝不能以财富、地位来评定，也不能以是否能传宗接代来区分。不是每个女人都能活成吴仪，也不是每个女人都能拼成董明珠，享受你的当下就好。

女人到底该怎么活，都由你自己说了算。

人生短暂，你希望功成名就，我祝你如愿以偿；你想做贤妻良母，我亦祝你美梦成真。